메건 데일리 (Megan Daley)
호주에서 태어난 사서 교사이자 어린이문학 전문가.
세인트에이든사립학교에서 사서 교사로 재직 중이다.
2015년 퀸스랜드학교도서관협회로부터 올해의 사서
교사상을, 2017년 빅토리아주립도서관이 수여하는
드롬켄 사서 교사상을 받았다. 호주어린이도서위원회의
전 부원장이었으며, 호주국립도서관출판위원회에 소속되어
있다. 호주어린이문학상 퀸스랜드 지부의 심사위원이기도
하다. 블로그(childrensbooksdaily.com)를 통해 아이들을 위한
연령별, 장르별 책들을 꾸준히 소개하고 다양한 북클럽을
운영하는 등 부모, 교육자, 어린이책 편집자 들을 연결하는
역할을 하고 있다. 사서 교사와 학교 도서관은 지역 사회
전체에 영향을 미칠 만큼 중요한 역할을 한다고 믿는다.

김여진
서울 당서초등학교에서 아이들을 가르친다. 그림책을 좋아하는
선생님들과 모여 문학을 깊고, 넓게 읽는 '좋아서 하는
그림책 연구회'에서 활동중이다. 그림책과 어린이책 중독이
도박보다 더 위험하다고 믿고 있으며, 길가다 낯선 꽃을 만나면
이름을 알고 싶어서 발걸음을 떼지 못하는 식물덕후이기도
하다. 『재잘재잘 그림책 읽는 시간』『좋아서 읽습니다,
그림책』을 함께 썼고, 『동물이 좋으면 이런 직업!』을 번역했다.
인스타그램 @zorba_the_green

독자 기르는 법

독자 기르는 법

평생 읽는
단단한 사람으로
성장시키는
독서 가이드

메건 데일리 지음
김여진 옮김

본문의 각주는 모두 옮긴이의 것이다.

옮긴이의 말
어린 독자를 남몰래 흠모하는 기쁨

책을 만지거나 바라보는 것만으로 많은 감정이 일렁거린다는 걸 깨달은 건 사실 최근은 아니었습니다. 여러 감정들이 공존하는 게 재미있어서 저를 한동안 지켜봤었죠. 그중에서도 책을 생각할 때 가장 크게 저를 덮쳐오는 감정은 '조바심'이더군요. 조바심의 종류는 꽤 다양했어요.

이미 책을 많이 샀는데도 더 사고 싶어서 안달, 공간이 줄어드는 책장을 바라보며 안달, 이토록 좋은 책을 나 혼자 알면 어쩌나 싶어 안달. 이 간질거리는 기분 좋은 조바심은 늘 제 가슴속에서 날아갈 줄 모르고 머무는 나비처럼 퍼덕거립니다. 홀로 존재하던 독자로서의 제 삶에 상쾌한 균열이 생긴 건 제 사무실이 교실이 되면서부터였어요. 조그마한 책가방을 멘 독자들이 매일 저를 만나러 왔거든요.

저녁에 갓 받은 따끈따끈한 그림책과 동화책을 배낭에 잔뜩 집어넣고 출근하는 다음 날 아침은 유달리 아드레날린이 솟구칩니다. 어떤 아이가 무슨 책을 가져갈까 조용히 가늠해 보지만 아이들이 교실 문을 통과하기 전까진 알 수 없지요. 아이들이 제각기 신발주머니에서 실내화를 꺼내 갈아 신고 교과서를 서랍 속에 챙기고, 뭉뚝해진 연필을 연필깎이에 넣어 드르륵 깎고 나면 그다음은 우아하고 조용한 백색소음의 시간이 저를 기다립니다. 책장 넘기는 소리만 사락, 사락 나거든요.

아마 그 친구들은 꿈에도 몰랐을 거예요. 선생님도 같이 책을 읽는 줄만 알았지 자신들을 훔쳐보고 있는지는 말이에요. 대체 뭘 읽었는지 애써 울음을 감추려고 일부러 코를 찡긋거리는 아이와 친구들이 핀잔을 줘도 책장을 넘기며 낄낄거리는 소리를 참지 못하는 아이. 애써 고른 책이 재미가 없는지 이리저리 책을 뒤적거리는 아이 혹은 친구가 지금 읽는 만화책이 몇 장 남았는지 초조하게 살피는 아이가 내는 소리와 소리.

아이들이 책장을 넘기면서 보이는 갖가지 표정들

은 정말 매혹적이었어요. '고유한 취향을 가진 너란 독자를 존경해!' 하고 외치고 싶은 순간을 매번 참아야 했어요. 그런 엉뚱한 소릴 했다간 분명 선생님이 갑자기 왜 이러냐는 표정으로 바라볼 게 분명하니까요. 그런데 지구 반대편에 저같이 유별난 교사가 또 있다는 걸 알고는 반가워서 손이라도 덥석 잡고 싶은 기분이었어요.

저자 메건 데일리는 호주에서 오랜 기간 사서 교사로 근무했으며 두 아이의 엄마이기도 합니다. 사서이자 교육자로서 만났던 책과 아이들의 이야기는 물론이고 두 딸아이가 갓 태어나서 10대로 커 갈 때까지의 울고 웃는 에피소드들도 촘촘히 들어가 있어요. 독서교육으로 고심하는 교사와 교육자, 학부모에게 현실적인 팁과 더불어 위로, 격려를 건네는 다정하고 영리한 책입니다. 연령별로는 부모가 신생아에게 책을 읽어 주는 경험부터 청소년의 자아 성찰적 읽기까지 빠짐없이 다루었어요. 그림책에서 시작해서 SF, 고전 및 논픽션 등 다양한 장르로 읽기 범위를 확장해 가는 방법 또한 흥미로웠습니다. 종이책이냐 디지털 읽기냐의 논쟁에 관한 저자의 고민과 경험은 우리나라 독자에게도 반드시 필요한 지점일 거라고 믿습니다. 더불어, 읽기가 행복해지는 공간을 구성하는 법이나 마을에서의 도서관 역할까지, 책에 관한 거의 모든 질문과 노하우를 다채롭게 다루고 있어요.

저자가 추천하는 귀한 책들 가운데는 현재 우리나라에 번역 출간되지 않은 책들이 적지 않았습니다. 그래서 그 책들을 삭제하는 대신 비슷한 결을 가진 책들을 직접 찾아 실었습니다. 이미 널리 사랑받고 있는 책, 훌륭한 책이지만 아직 더 많은 독자를 만날 필요가 있다고 느껴지는 책을 선별하여 목록을 작성했어요. 교사로서 또 그림책 및 아동문학 애호가로서 깊이 애정하는 책을 엄선하여 추천해 드릴 수 있었던 것은 저에게 큰 기쁨이었습니다.

그 과정에서 제가 몸담고 있는 '좋아서 하는 그림책 연구회'에서의 경험이 큰 버팀목이 되어 주었습니다. 초등학교에서 아이들을 만나면서, 치열하고 뜨겁게 그림책을 마주하고 있는 선생님들과 몇 년째 함께 문학을 깊고, 넓게 읽는 방법을 탐구하고 있습니다. 공교육 현장에서 아이들에게 문학을 읽고 만끽하는 환희를 전달하는 역할을 하고 있어요.

저는 책 속에서 잠시 그림책 『나의 독산동』 속 독산동 공장 골목골목을 쏘다니는 은이가 되고, 『마당을 나온 암탉』의 힘겹게 날갯짓을 하는 암탉이 되기도 해요. 그러다가 이내 언제나 발끝만 내려다보며 걷는 『원더』의 열세 살 어기가 되죠. 지금의 저는 수없이 많은 책의 첫 페이지를 넘기면서 펼쳐지는 세상 속 다양한 인물들이 되어보는 경험을 통해 만들어졌을 거예요.

나무 둥치에 등을 기대고 책을 넘기며 가슴을 쓸어내리거나 눈물로 책장을 적시는 이름 모를 아이, 그리고 한때 그 아이였을지 모르는 어른들에게 이 책을 건네고 싶습니다.

2021년 3월
김여진

들어가는 말
즐겁게 읽는 사람이 되기 위하여

저는 평생 책을 사랑해 왔습니다. 언어와 문학을 소중히 여기는 집에서 자랐으니 운이 좋았죠. 어린 시절 내내 부모님이 책을 읽어 주셨어요. 열 살이 넘었는데도 책을 읽어 주시던 아빠가 생생히 기억납니다. 사실 남동생에게 읽어 주신 거였지만 저도 아빠 목소리를 듣고 있었죠. 어쨌거나 저는 제가 사랑하고 존경하는 사람들이 낭독해 주는 언어의 소리에 매혹되어 버렸습니다. 사서 교사이신 엄마도 훌륭한 책으로 집 안을 가득 채워 두셨죠. 덕분에 신시아 보이트의 『디시가 부르는 노래』, 존 마스든의 『할 말이 많아요』 같은 인생 책을 만났어요. 제 불안한 10대의 뇌를 상쾌하게 해 준 책이죠!

첫 아이를 가졌을 때 주변 사람들이 자녀에게 책

을 읽어 주지 않는다는 사실을 알고 많이 놀랐어요. 아이에게 책을 읽어 줄 '적절한 시기'가 언제냐는 질문을 숱하게 받았는데요, 답은 물론 '아이가 태어나자마자'랍니다! 저는 책은 신생아 필수 용품이라고 단언합니다만, 저처럼 책을 가까이 할 수 있는 가정환경이나 아동문학 방면의 훈련과 지식을 모든 사람이 갖고 있지는 않다는 사실도 유념하고 있습니다.

저는 초등학교 교사와 사서 교사로 오랜 시간 일해 왔습니다. 부모로서 그리고 교사로서 아이가 글과 이미지, 아이디어가 흘러넘치는 교육 시스템 안에 있는 것이 얼마나 큰 축복인지 잘 알죠. 아이에게 그런 기쁨을 주는 건 플래시카드나 너무 이른 온라인 읽기 프로그램이 아니라 좋은 책입니다. 이야기와 노래, 동요 같은 갖가지 형태의 언어에 흠뻑 빠져들게 해 주세요. 아이의 출발선을 앞당기는 가장 좋은 방법이랍니다. 교사로서 저는 책을 읽어 주는 방식으로 자녀를 교육하는 가족들에게 늘 감사한 마음을 품고 있지요. 즐기는 독서를 하면서도 아이들은 충분히 공부를 잘할 수 있어요. 이 과정에서 반드시 필요한 것이 가족의 지지랍니다.

『독자 기르는 법』은 태어나서부터 청소년기까지, 아이의 리터러시* 발달 단계에 따라 꼭 필요한 조언을 담은 안내서입니다. 가정과 교실 속 책 읽기 여정을 특별하고 매력적으로 만들어 갈 비결과 함께 적절한 추천 도서와 제 동료들의 지혜도 나누어 드리겠습니다.

이 책에서 저는 줄곧 학교 도서관과 도서관 직원들이 모든 학교에 존재하는 것처럼 서술합니다. 훌륭한 학교 도서관, 열정적인 사서 교사와 도서관 직원은 지나간 유행이 아니라 꼭 필요한 존재라고 생각하거든요. 여러분이 학교 도서관과 사서 교사가 없는 환경에 있다면 이 책이 좋은 안내자가 되어 줄 거예요. 부모도 교사도 아이들에게 책을 사랑하는 마음을 심어 주는 귀한 역할을 맡고 있답니다. 아이들이 평생 소중히 여길 선물이지요.

---

* 리터러시는 사전적 의미로 '글을 읽고 이해하는 능력', 더 나아가 '글을 통해 지식과 정보에 접근하는 능력과 이를 통해 문제를 해결해 내는 능력'까지 포함합니다.(『유튜브는 책을 집어삼킬 것인가』, 김성우·엄기호 글, 따비, 2020 참조)

1
독자로 기르는 법

태어나서부터 만 2세까지

아기는 생각보다 훨씬 빨리 책에 관심을 보입니다. 태어나자마자 소리에 반응하고, 소리 나는 곳으로 가 보기도 합니다. 아기의 눈이 초점을 맞추기 시작하는 것도 신생아 시기죠. 세상의 소리를 듣고 이것저것 쳐다보고, 생후 3~4개월이면 물건 쪽으로 손을 뻗기 시작합니다. 움직임을 어느 정도 조절할 수 있게 되면 장난감이나 딸랑이처럼 책도 탐구 대상이 되죠. 책을 물어뜯고 뒤집어 보고 한동안 응시하기도 합니다. 밝은 색깔, 뚜렷이 대비되는 색깔에 흥미를 보이고, 이야기를 읽어 주거나 노래를 불러 주는 나지막한 소리에는 온순해집니다. 말과 목소리의 리듬과 표현을 듣는 것만으로도 한창 발달하는 아기의 뇌에 풍부하고 다양한 언어 그물망이 형성됩니다.

저는 갓난아이에게 소설책을 엄청나게 읽어 줬어요. 주로 흔들의자에 앉아 있을 때나 젖을 먹이면서 하루에 몇 시간이고 읽어 주다 보니 나중에는 한 손에 전자책 리더기(아기에게 벽돌 같은 소설책을 떨어뜨릴 수도 있으니까요)를 들고 다른 손으로 아기를 안는 자세에 완전히 익숙해졌죠. 아기가 들을 만한 내용이 아니어도, 하나도 이해하지 못한다는 걸 알면서도 굳이 그랬죠. 아무튼 아기는 단순한 일상 대화보다 훨씬 복잡하고 다양한 그 말들을 모조리 듣고 있으니까요.(물론 일상 대화도 매우 중요합니다!) 어리석은 일처럼 보이고 그게 다 무슨 소용인가 의심이 들 수도 있지만, 핵심은 바로 '노출'입니다. 더 많이 소리 내어 읽어 줄수록 더 많은 단어가 아기에게 노출되겠죠. 그 과정은 앞으로 아기가 갖춰야 할 리터러시 역량에 견고한 토대가 되어 줄 겁니다.

갓난아기 때부터 꾸준히 책을 읽어 준다면 아기는 6개월 무렵부터 책을 선명하고 화려한 장난감 이상으로 인지하기 시작합니다. 책을 보면 '이야기 시간이다!'라는 신호로 받아들이는 거죠. 아기가 책을 건넬 때마다 부모님이 잘 읽어 주셨다면 더더욱 그럴 겁니다. 아기가 유난히 좋아하는 책, 자주 보려는 책이 생길 거예요. 좋아하는 책을 거듭 읽어 주면 신이 나서 들썩들썩할 거고요.

아기는 신생아 시기부터 만지는 건 물론이고 모든 감각을 동원해 리터러시 역량을 키워 갑니다. 촉각을 통해 실제 물건과 그 물건의 의미를 연결 짓게 되죠. 컵, 신발, 강아지 그리고 책까지요. 책장을 넘기고 표지와 그림을 만져 보며 아기는 책이란 것이 어떤 물건인지 깨달아 갑니다. 플랩북이나 촉각 책은 더 효과가 좋지요. 부모님 품에 안겨 이야기를 듣는 것에서부터 책의 생김새를 탐색하는 것까지, 물리적 접촉과 만지는 행위는 언어 발달과 밀접하게 연결됩니다. 아이는 차츰 손가락으로 글자를 가리키며 따라 읽고, 태블릿에서 디지털 텍스트를 조작해 보기도 하겠죠. 아이 손이 닿는 곳에 책을 많이 두어야 하는 이유가 바로 이겁니다. 책을 쥐고 건드려 보면서 책과 놀 기회를 충분히 줄 수 있으니까요.

10개월 즈음이면 아기는 난생처음 단어를 알아듣고, 돌 무렵에는 첫 단어를 소리 내어 말할 거예요. 뜻을 이해하는 과정은 꽤 더디게 진행되다가 18개월 즈음부터 급격히 빨라집니다.

어린아이는 작은 스펀지나 마찬가지입니다. 모든 걸 흡수하거든요. 단어, 반복되는 가사, 노래, 책, 가리지 않고 푹 빠져듭니다. 물론 손에 닿는 건 뭐든 망가뜨리죠. 모든 감각을 동원하기 때문에 책을 씹어 먹기도 하고 찢기도 해요. 그런데 이때가 바로 책에 홀딱 빠지는 시기입니다.

스스로 책을 보는 시간에는 튼튼한 보드북을 주는 것도 좋은 방법이에요. 그런데 보드북에 적힌 글이 너무 단순할 수도 있으니 언어적·시각적으로 풍부한 그림책도 보여 주세요. 근사한 그림과 매혹적인 문장 그리고 이야기 자체의 쾌락에 노출시키는 것이야말로 책과 사랑에 빠지게 하는 최상의 방법이죠.

세 살 무렵에는 비로소 읽기가 지닌 사회적 특성이 작동하기 시작합니다. 이제 아이는 친구라는 존재를 인지하고, 정해진 학습 환경이 아니어도 읽고 쓸 기회에 조금씩 노출됩니다. 기관에 다니는 아이들을 지켜보면 책을 장난감처럼 대하곤 합니다. 어떻게 만지는 건지 알려 주기도 하고, 좋아하는 책을 차지하려고 다투기도 해요. 그러다가 같이 읽고 번갈아 읽게 되지요. 함께 책을 읽으며 아이들은 학습에도 서로 도움을 줍니다. 한 아이가 그림을 보고 동물 이름을 말하면 다른 아이는 동물 소리를 내는 식이죠. 어린이집에서 서너 살 아이들을 관찰해 보면 선생님이 한 번 읽어 준 책을 몇 번이고 보려고 하는데요, 이는 말과 글을 인지해 가는 초기 특징이기도 합니다. 정해진 이야기 시간이 아닐 때 스스로 책을 골라 '거듭' 읽는 이 시간은 선생님과 함께하는 '이야기 시간' 못지않게 의미 있는 시간이랍니다.

아기와 책 읽기

아기와 부모님 모두 독서를 즐겁게 경험할 수 있는 비결 몇 가지를 알려 드릴게요. 교육적이면서도 재미있답니다!

- ♬ 아기가 가장 기분 좋게 깨어 있을 때가 좋아요.
- ♬ 꼭 안고 읽어 주세요. 책을 읽으며 신체적으로도 친밀해집니다.
- ♬ 그림이 훌륭하면서 간단한 글이 곁들여진 책을 고르세요.
- ♬ 책 읽기 시간은 규칙적이고 짧게 해 주세요. 한 권을 다 읽을 필요는 없습니다. 한 번에 몇 쪽만 읽어도 돼요.

♬ 아기는 스스로 그림 보는 걸 좋아하고, 특히 좋아하는 그림도 있지요. 그런 그림을 보고 있는 아기 사진을 찍어 두면 두고두고 추억이 될 거예요.

♬ 책을 읽어 주면서 아기를 간질이고 이리저리 흔들어 주세요. 책 읽기 시간이 즐겁게 만들어 주는 거죠. 아기가 꼼지락대고 돌아다녀도 괜찮습니다. 책 읽는 동안 얌전히 있는 아기는 거의 없지요.

♬ 부드러운 목소리로, 생생하게 읽어 주세요. 동물 소리 등 여러 효과음도 내 주세요.

♬ 책을 깨물고 만지고 냄새 맡게 해 주세요. 감각 발달도 함께 일어납니다. 모든 장소에서 되는 건 아니지만 집에서는 얼마든지!

♬ 책이 망가져도 신경 쓰지 마세요. 아기 손이 닿는 곳에 책을 두세요. 아끼는 책은 높은 곳에 치워 두고 팝업북은 잠시 잊어 주세요.

♬ 책으로 상호 작용을 해 보세요. 아기에게 이런 질문을 하면서요. "말을 가리켜 볼까?" "바보 원숭이는 어디 있지? 보이니?"

♬ 책장 넘기는 걸 보여 주고 아기에게 넘겨 보게 해 주세요.

♫ 끝도 없이 읽고 또 읽어 줄 마음의 준비를 하세요. 부모는 미치도록 괴롭지만 아기는 반복을 좋아합니다. 그러면서 배워 가지요.

아기에게 읽어 주기 좋은 책

○ 『곰 사냥을 떠나자』 마이클 로젠 글, 헬린 옥슨버리 그림, 공경희 옮김, 시공주니어, 1994

○ 『그건 내 조끼야』 나카에 요시오 글, 우에노 노리코 그림, 박상희 옮김, 비룡소, 2000

○ 『안아 줘!』 제즈 앨버로우, 웅진주니어, 2000

○ 『달님 안녕』 하야시 아키코, 한림출판사, 2001

○ 『사과가 쿵!』 다다 히로시, 정근 옮김, 보림, 2006

○ 『사랑해 사랑해 사랑해』 버나뎃 로제티 슈스탁 글, 캐롤라인 제인 처치 그림, 신형건 옮김, 보물창고, 2006

○ 『두드려 보아요!』 안나 클라라 티돌름, 사계절, 2007

○ 『누가 내 머리에 똥 쌌어?』 베르너 홀츠바르트 글, 볼프 에를브루흐 그림, 사계절, 2008

○ 『잘잘잘 123』 이억배, 사계절, 2008

○ 『세상의 모든 어린이들』 멤 폭스 글, 레슬리 스타웁 그림,

　　　 김기택 옮김, 비룡소, 2011

○　　『눈·코·입』 백주희, 보림, 2017

○　　『잘 자요, 달님』 마거릿 와이즈 브라운 글, 클레먼트 허드 그림,

　　　 이연선 옮김, 시공주니어, 2017

○　　『안녕, 내 친구!』 로드 캠벨, 이상희 옮김, 보림, 2018

○　　『이건 책이 아닙니다』 장 줄리앙, 키즈엠, 2019

노래의 중요성

책 읽기가 그렇듯 노래도 일찍 불러 줄수록 좋습니다. 노래로 아이를 달래거나 기분 좋게 해 준 경험, 다들 있으시죠? 노래도 책처럼 언어 발달과 밀접한 연관이 있습니다. 음악은 언어를 습득하는 탁월한 도구일뿐더러, 음악과 언어를 뇌의 같은 영역에서 처리하며 신경 회로도 같다는 연구 결과도 있습니다. 운 좋게 저는 뛰어난 음악 선생님들과 함께할 기회가 있었습니다. 제니퍼 테 선생님의 음악 수업은 아이들에게 정말 소중한 시간이었죠. 언어 발달에 음악이 어떤 영향을 미치는지, 제니퍼의 이야기를 들어 보세요.

노래는 육아의 고유한 영역입니다. 아기가 울면 왠지 자장가를 흥얼거려 주고 싶죠. 좀 더 크면 신나는 노래와 율동을 해 주고요. 노래는 아이와 부모가 이어지는 아주 특별한 방법이에요. 노래를 불러 주는 사람도, 듣는 사람도 함께 배우게 됩니다.

노래를 불러 주면 놀라운 일들이 벌어집니다. 노래는 아이에게 이야기를 들려주고 문화를 습득하게 해 줄 뿐만 아니라 아이를 차분하고 기분 좋게 만들어 줍니다. 노래를 부르는 사람에게도 좋은 점이 많습니다. 심혈관 기능이 향상되고 혈압이 정상화되며, 엔도르핀 분비가 늘고 스트레스가 낮아져 면역 기능도 강화됩니다. 엄마와 아기 사이에 벌어지는 모든 긍정적인 상호작용은 엄마와 아기의 베타엔도르핀 분비를 촉진해 몸도 마음도 이완시켜 줌으로써 행복한 기분을 느끼게 합니다. 아기를 안고 노래를 불러 주면 효과가 극대화됩니다.

노래는 언어 발달과도 직접적인 연관성이 있습니다. 모국어 특유의 어조를 지닌 전래 동요는 아이의 청각, 목소리, 뇌가 언어와 잘 연결되도록 돕습니다. 지독한 음치라도 괜찮습니다! 아이에겐 부모님 목소리가 가장 편안하고 익숙하니까요. 엄마 아빠와 대화하며 언어를 가장 잘 익히듯, 노래도 녹음된 음원보다 부모님이 직접 불러 주는 것이 가장 좋답니다.

뱃속에 있을 때부터 불러 줘도 된다는 사실 아세요? 양수는 훌륭한 지휘자나 마찬가지거든요. 아기는

18주차부터 소리에 반응하기 시작하고, 출산이 임박하면 목소리를 인지하는 능력이 크게 발달해 노래까지 알아듣는답니다. 제 아들 조슈아가 뱃속에 있는 내내 남편은 한 곡만 줄창 불러 줬어요. 조슈아가 태어난 순간 남편이 아기를 안고 그 노래를 불러 주자마자 아기가 울음을 멈추고 아빠를 바라봤어요.(대신 조산사가 울기 시작했죠!) 아기 때 조슈아는 「너는 나의 태양」만 들으면 바로 차분해졌답니다.

어떤 노래를 불러 줄지 고민되면 동요집의 도움을 받아도 좋고요, 꼭 노래 책이 아니어도 반복되는 후렴구가 있는 책은 자연스레 도움이 됩니다. 사실은 아무 때나, 아무 노래나 불러 줘도 괜찮으니 쉴 새 없이 흥얼거려 주세요.

만 3~5세와 책 읽기

아이가 기관에 갈 나이가 되면 책 읽기 시간을 '학습 시간'으로 바꾸고픈 충동이 듭니다. 뭔가 학교라는 시스템에 적응할 준비를 해야겠다 싶은 거죠. 미디어에 등장하는 육아는 종종 공포 마케팅을 이용합니다. 요즘 유행하는 플래시 카드나 온라인 읽기 프로그램을 하지 않으면 뭔가 뒤처지는 느낌이 들게 만들지요.

처음에는 떠밀려서 책을 많이 읽은 아이(소리와 낱말을 외워서 배운 아이)가 두각을 나타낼 겁니다. 하지만 책을 몸소 경험하며 자기 속도대로 배운 아이가 금세 따라잡는 걸 보게 됩니다. 사실 이런 아이들이 책을 훨씬 잘 이해하고 있어요. 물론 아이와 알파벳 노래 부르기, 낱말 속에서 글자와 소리 찾기, 이름 쓰기를 해도 좋습니다. 다만 아이의 흥미와 선호도에 맞게 놀이처럼 해 주세요. 아이의 언어 능력을 키우는 가장 중요한 활동이 책 읽기라는 건 틀림없는 사실입니다.

다양한 방법으로 책을 읽어 주면 아이는 더 열광적

으로 반응할 겁니다. 손 인형을 만들어 장면을 연출하거나, 노래로 이야기를 엮어 보거나, 한 장면을 골라 아이가 흉내 내도록 해 보세요. 책 속에 손을 넣어 조작할 수 있는 인형 책도 있죠. 책에 집중하게 하고 책 읽기를 놀이처럼 느끼게 하려면 감각을 총동원해 책을 경험하도록 할 필요가 있습니다.

요즘의 읽기 훈련에 최신 기술이 큰 도움이 된 건 사실입니다. 디지털 기기로 화면을 터치하며 이야기를 읽으면 아이들은 색다르면서 상호 작용이 가능한 방식으로 책을 경험할 수 있습니다. 제 아이가 세 살 때 그림책에 나오는 곰돌이를 움직여 보려고 스마트폰에 하듯이 손가락으로 끙끙대며 종이를 밀어 대던 순간을 잊을 수가 없네요. 그냥 종이책일 뿐인데 거기서 더 신나는 걸 바라는 아이 모습을 보니 좀 무섭기도 했지만 신기하기도 했어요. 종이책이 빠른 시일 내에 전자 기기로 대체되리라고 보진 않지만, 이젠 종이책과 디지털 독서가 함께 나아가야 한다는 사실은 부정할 수 없지요.

이 시기의 아이들은 책을 손수 만드는 일도 좋아합니다. 좋아하는 어른에게 가서 자기가 만든 책을 들고 이야기를 들려주려고 하지요. 직접 들려주는 사람이 되면 아이는 글자들이 늘 같은 페이지에 머무른다는 걸 저절로 알게 됩니다. 구불구불한 선으로만 보이던 글자들에 모두 뜻이 있다는 걸 알아차리는 순간이 오지요. 이야기를 만들고 들려주는 모든 경험은 글자에 고유의 뜻이 있다는 사실을 깨닫는 최고의 방법입니다. 아울러 이야기가 어떤 구조로 만들어지는지도 알게 되고, 이미지와 글을 연결 짓는 능력도 향상되지요.

만 3~5세 아이들과 책 읽기

이 시기의 아이들은 집중 시간이 조금 늘어나긴 했지만 음식이나 예쁘고 신기한 물건, 형제들이 등장하면 순식간에 산만해지죠! 아이가 흥미를 갖게 하려면 책 읽기 시간을 최대한 신나게 만들어 주세요. 다음은 제가 아이를 키우면서, 또 사서로서 아이들을 만나면서 사용했던 방법입니다.

♫   텔레비전과 태블릿은 멀리해 주세요. 빠르고 화려한 영상이 눈앞에 어른거리면 집중하기 어렵습니다.

♫   웃긴 목소리와 표정으로 책을 읽어 주세요. 가끔씩 쓰

면 오디오북도 좋은 도구입니다. 다양한 목소리를 듣다 보면 아이는 목소리의 어조, 음높이, 속도가 달라질 때 이야기의 분위기가 바뀐다는 걸 이해하기 시작하죠.

♬ 아이와 소통하며 읽어 주세요. 지금 무슨 일이 일어나는 중인지, 다음은 어떤 일이 벌어질지, 숨어 있는 작은 그림들이 보이는지 물어보세요.

♬ 흉내 내거나 연기하며 읽어 보세요. 아이에게 시켜도 보고요. 좀처럼 자신이 없으면 장난감이나 소품을 이용해 보세요. 부록으로 손가락 인형을 증정하는 책도 있습니다.

♬ 책의 겉모습을 살펴보세요. 표지, 쪽수, 글, 그림과 책등까지요.

♬ 손가락으로 글자를 짚으면서 읽으면 아이는 문장이 왼쪽에서 오른쪽으로 흘러간다는 걸 알아차립니다.

♬ 언제든 거듭 읽어 주세요. 언젠가는 다른 책으로 넘어갑니다. 제 아이는 두 살 때 읽던 공룡 책을 일곱 살인 지금까지도 읽어 달라고 하긴 하지만, 설마 10대가 돼서도 그러겠어요?

♬ 함께 책 읽는 시간이 정말 즐겁다고 꼭 말해 주세요.

아이와 책 읽는 시간을 행복해하는 부모나 선생님을 통해 생겨나는 유대감은 대단히 중요합니다. 그 감정을 충분히 표현해 주는 걸 절대 잊지 마세요.

유아와 함께 읽기 좋은 책

○ 『도깨비를 빨아 버린 우리 엄마』 사토 와키코, 이영준 옮김, 한림출판사, 1991

○ 『고함쟁이 엄마』 유타 바우어, 이현정 옮김, 비룡소, 2005

○ 『소피가 화나면, 정말정말 화나면』 몰리 뱅, 박수현 옮김, 책읽는곰, 2013

○ 『깜박깜박 도깨비』 권문희, 사계절, 2014

○ 『수박 수영장』 안녕달, 창비, 2015

○ 『엄마는 회사에서 내 생각 해?』 김영진, 길벗어린이, 2014

○ 『아빠는 회사에서 내 생각 해?』 김영진, 길벗어린이, 2015

○ 『고구마구마』 사이다, 반달, 2017

○ 『두더지의 소원』 김상근, 사계절, 2017

○ 『알사탕』 백희나, 책읽는곰, 2017

○ 『가만히 들어주었어』 코리 도어펠드, 신혜은 옮김, 북뱅크, 2019

○ 『모모모모모』 밤코, 향, 2019

- 『꿍꿍꿍 피자』 윤정주, 책읽는곰, 2020

- 『나는 오, 너는 아!』 존 케인, 이순영 옮김, 북극곰, 2020

- 『넌 나의 우주야』 앤서니 브라운, 공경희 옮김, 웅진주니어, 2020

- 『오싹오싹 당근』 에런 레이놀즈 글, 피터 브라운 그림, 홍연미 옮김, 주니어RHK, 2020

- 『이파라파냐무냐무』 이지은, 사계절, 2020

- 『카레가 보글보글』 구도 노리코, 윤수정 옮김, 책읽는곰, 2020

읽는 습관 만들기

어릴 때 읽기 습관을 들여 주면 평생 읽는 사람으로 살아갈 가능성이 높아집니다. 아이의 책 사랑은 바쁜 하루를 쪼개 책을 읽어 주는 부모로부터 시작되지요. 아이를 꼭 안고 책을 읽어 주면 아이는 책 읽기 경험을 사랑과 밀착이 가득한 행복한 순간으로 강하게 인식합니다. 아이와 정말 끈끈해지는 시간입니다. 하지만 이 시간을 우선순위에 두기 힘든 순간도 올 겁니다. 직장 일이 안 풀리는 날도 있고, 집안일도 한가득이고, 아이와 말다툼한 날도 있을 테고요. 집집마다 사정이 있지요. 그래도 하루 중에 책 읽기 시간을 박아 두면 나중에는 양치질이나 설거지처럼 저절로 하게 됩니다.

가장 확보하기 좋은 시간은 아마 잠들기 전일 겁니다. 바쁜 하루를 마치고 긴장을 풀면서 차분해질 때니까요. 하지만 '책 읽기에 가장 알맞은 시간'이라는 건 없으니 각자 사정에 따라 가장 편한 시간을 고르면 됩니다.

마을 도서관의 동요 부르기나 독서 프로그램에 참여하는 것도 좋겠네요. 앞서 언급했듯 노래나 동요는 언어 발달에 탁월한 도구입니다. 아이는 재미있게 말과 글을 익히면서 사람들과 어울리는 즐거움도 느낄 거예요. 부모도 동병상련의 동지들을 만나며 아이를 키우며 겪는 시행착오와 고생을 잠시 잊을 수 있고요.

잠자리 책 읽기 시간

2017년 세상을 떠나기 전까지는 남편이 몇 년간 이 시간을 맡았었어요. 아빠와 함께하는 잠자리 책 읽기 시간에는 나름 규칙이 있었죠. 책 두 권 읽고, 엄지 씨름을 한 다음 갈비뼈가 으스러지도록 안아 주기! 아마 제가 영원히 모를 추억들도 있겠죠. 우스운 이야기를 읽으며 셋이서 깔깔대는 소리, 똑같은 책을 닷새 연속 읽어 달라고 아이들이 졸라 대는 소리를 들으면 제가 다 행복해졌어요. 훗날 아이들도 더없이 소중한 기억으로 간직하겠죠.

잠자리 책 읽기는 참으로 값진 일상입니다. 혼자 아이들을 돌보느라 완전히 녹초가 되거나, 학기가 끝나

갈 무렵 짜증스러운 사람들에 둘러싸여 일하다 보면 하루쯤 빼먹고 싶기도 했어요. 지금 그 시간을 떠올려 보면 하루도 빠지지 않고 지켰던 보람이 크답니다.

♬ 아이들 머리맡에서 책을 읽어 주며 한숨 돌리는 건 사실 나 자신이었어요. 잠깐 앉을 틈도 없이 언제나 숨가쁘게 지냈거든요. 정지 버튼을 누르고 함께 책을 읽다 보면 어수선한 마음이 한 방에 사라졌죠.

♬ 책을 읽어 주려니 마음을 챙기고 정신을 집중해야 했어요. 전화 통화라든지 설거지라든지 딴짓을 할 수가 없었죠. 이야기에 푹 빠져들어야 했어요. 그 시간만큼은 아이와 책과 온전히 함께하는 것이었죠.

♬ 정말 정신 사납거나 지독하게 따분할 때, 잠자리 책 읽기는 분위기를 산뜻하게 바꾸는 힘이 있었어요. 기분 전환이 충분히 되었답니다.

♬ 매일같이 하다 보면 이런 기분이 들었어요. '다 잘 될 거야.' 이런 생각도 들었죠. '나 지금 최소한 애들 잘 보살피는 건 맞잖아.'

♬ 책을 통해 대화가 더 풍부해졌어요. 저녁마다 "오늘은 학교에서 뭐 했어?" 물어봐야 아이들이 별 대답을 안

해요. 친구나 감정에 관한 책을 읽어 주던 어느 날 밤, 아이가 갑자기 친구와 다퉜던 일을 살짝 털어놓더라고요. 책으로 자기 삶을 비춰 보고 나면 아이는 말문이 터진답니다.

♬ 누가 나한테 소리치는 꿈이나 귀찮게 구는 꿈보다는 요정이나 공룡이 나오는 모험 꿈을 꾸는 게 훨씬 좋잖아요. 그날 아이와 마지막으로 보내는 시간이니 멋지게 보내자고요.

잠자리 책 읽기 시간이 아이들뿐 아니라 나 자신에게도 얼마나 좋은 시간이었는지 몰라요. 좁은 침대 속에 셋이 엉겨붙어 상상의 세계로 날아가면 스트레스도 불안도 사라졌지요. 한부모 가정이든 다둥이 가정이든 부모님 퇴근 시간이 늦든, 15분 남짓한 그 시간이 온 가족이 온전히 함께 보내는 유일한 시간일지도 모릅니다.

너무너무 힘든 날에는 아이들한테 스스로 읽으라고 하거나 오디오북 서비스를 틀어 주기도 했어요. 얼마든지 그렇게 대체해도 됩니다. 죄책감 느낄 필요 없어요!

♬ 시간이 부족할 때는 이웃이나 조부모, 좀 더 큰 자녀에게 도움을 청해 보세요. 먼 곳에 사시는 할머니 할아버지라면 전화나 태블릿으로 이야기를 읽어 주셔도 좋아요.

♬ 아이가 시큰둥해하나요? 잠자기 전에 아이와 다투게 되나요? 그럴 때면 굳이 책 읽기 시간을 가져야 하나 하는 고민이 심각하게 들죠. 책에 영 흥미가 없는 아이에게는 아이와 친한 어른이 일대일로 책을 읽어 주면 아이가 그 책이나 그 이야기를 좋아하는 계기가 될 수 있어요. 제 핵심은 이겁니다. 버티고, 버티고, 버티세요. 진짜 그 값을 합니다. 제가 장담할게요. 특정 인물과 연결되는 책을 고르는 것도 좋은 방법이에요. 제 딸 논나에게 『우리 할머니는 닌자』My Nanna is a Ninja는 '할머니가 읽어 주는 책'이랍니다. 『내가 축구에 빠진 이유』Why I Love footy는 축구를 좋아하는 어른이 읽어 주면 제격이죠.

♬ 아이들과 함께 번갈아 책을 골라 보세요. 처음 몇 주는 그림책, 다음 주는 퍼즐 책, 그다음 2주간은 좀 긴 챕터북. 아이가 책을 고르게 해도 좋지만, 교육자 입장에서 말씀드리면 잠자리 시간은 새로운 장르, 좀 더 수준

높은 책, 내가 어릴 때 좋아했던 책을 아이에게 소개할 절호의 기회입니다. 번갈아 책을 고른다는 것은 모두에게 선택권이 있는 동시에 장르 간의 균형을 맞출 수 있다는 뜻이기도 합니다. 다양한 읽을거리를 고루 접하게 되죠.

자투리 독서

운동 전문가는 늘 자투리 운동을 강조합니다. 저는 사서 교사니까 자투리 독서 얘기를 한번 해 볼까요? 자투리 독서는 바쁜 하루 중에 손쉽게 시간을 쪼개 아이가 책에 쏙 빠지게 하는 독서입니다. 욕조에 물을 채우는 동안일 수도 있고 기약 없이 병원 진료를 기다리는 동안일 수도 있지요. 언제든 책에 둘러싸여 있으면 금방 책에 풍덩 빠져들 수 있습니다.

집 구석구석에 바구니와 상자를 놓고 책을 둬 보세요. 기저귀 가방에도 쑤셔 넣고, 차에도 몇 권 두고요. 첫째가 다섯 살 때 동생에게 주겠다며 신발 상자를 예쁘게 꾸미더니 보드북을 몇 권 넣더라고요. 그러더니 '자동차 도서관'이라고 써 달라는 거예요. 상자가 너덜너덜해질 때까지 자동차 도서관을 애용했죠. 지금은 이런 '이동식' 도서관 상자가 더 많아졌답니다.

도서관에서 빌린 책은 차 뒷좌석에 두는 편이에요. 그러면 잃어버릴 일이 없거든요.(제가 사서인데도 책을 자주 잃어버려요!) 차에 아이들 책을 두면 얼마나 편한지 몰라요. 30분 이상 차를 타야 할 때 책만 있으면 애들이 징징거리고 다투고 "다 와 가요?" 하고 끝도 없이 물을 일이 없거든요.

집 밖으로 나가면 실생활 읽기가 이뤄집니다. 도로 표지판이나 메뉴판을 읽어 보게 하고, 마트 전단지를 주면서 물건 이름을 말해 보라거나 물건 두세 개의 가격을 더해 보라고 하기도 해요.

카페에서 커피 한잔 마시면서 쓰는 꿀팁도 있죠. 아이들에게 스마트폰을 쥐여 주고 죄책감을 느끼는 대신 저는 가방에 늘 책을 넣고 다녀요. 이동식 독서에는 금방 빠져들 수 있는 책을 유머 책이나 시선집, 지식 책이 좋아요. 차에도 작은 가방이나 파일 케이스를 마련해서 책, 연필, 소품 몇 개를 넣어 두고요. 서로 다른 꾸러미를 여러 개 준비하면 아이들이 쉽게 질리지 않는답니다. 그럼 카페용 자투리 독서법 몇 가지를 알려 드릴게요.

♬   미니어처 북 : 제 큰딸은 이언 포크너의 『올리비아』 시리즈 미니북 다섯 권을 쭉 세워 놓고 그중 한 권을 골

라서 올리비아 돼지 인형에게 자기가 직접 책을 읽어 주곤 했어요. 아이 혼자 몰두해서 상상 속 이야기에 빠질 수 있었던 건 사실은 제 어머니가 수도 없이 그 책을 읽어 주신 덕분이죠. 이야기를 완전히 흡수하자 아이는 그걸로 스스로 놀 줄 알게 된 겁니다.

♬ 그리기 책, 색칠공부, 워크북 : 그리기 책 만세! 멋진 그림도 많고, 아이는 그 책을 보고 계속 그려 보려고 하죠. 텔레비전 테두리가 그려져 있으면 아이는 그 속에 장면을 그려 보겠죠. 색연필도 꼭 챙기세요. 미로 책, 낱말 퀴즈 책도 아이들에게 언제나 환영받는 책이지요.

♬ 신선한 그림책 몇 권 : 도서관 책도 좋고 집에 있던 책도 좋아요. 중요한 건 아이들에게 조금은 새로운 책이어야 한다는 점입니다.

♬ '다른 그림 찾기'나 '숨은 그림 찾기' 책 :『월리를 찾아라』같은 책을 주고 아이들 스스로 찾아보게 하세요. 책 속에 숨어 있는 작은 것들을 찾느라 시간 가는 줄 모른답니다.

놀이 독서

어릴 적 가장 행복했던 기억은 식구들, 친구들이 다 같이 모여 둥글게 원을 만들어 놀던 일이에요. 숨 쉬듯 했던 게 놀이였죠. '학습'될 만한 놀이를 고르라며 부모님이 우리를 괴롭힌 적은 없었어요. 그때만 해도 어린이들이 자유롭게 노는 건 자연스럽고 당연한 일이었죠.

물론 아이들은 놀면서 배웁니다. 나무집을 짓고, 상상의 세계 속으로 빠져들고, 이것저것 물에 띄워 보고 가라앉혀 보면서요. 뭘 하고 놀지, 누가 '술래'가 될지 정하면서 친구들과 협상하는 법도 배웁니다. 진흙 파이를 만들어 팔면서 숫자도 배우고요. 트램펄린에서 뛰다가 뼈에 금도 한 번씩 가 봤죠.

하지만 요즘은 '놀이로 교육'해야 한다는 생각에 짓눌려 그냥 놀기의 중요성을 다들 잊은 듯해요. 놀이가 언어 발달에 얼마나 큰 역할을 하는지는 아무리 강조해도 모자라지 않습니다. 가게 놀이를 하려면 물건 이름을 읽고 쓸 줄 알아야 해요. 학교 놀이에서 선생님을 맡은 아이는 학생이 된 아이에게 이름을 써 보라고 시키거나 뭔가 읽어 주고요. 아이들은 자연스럽게 노는 과정 속에서 이야기에 몰두하고 반응하며, 스스로 이야기를 창조하고 그 이야기 속 세상을 알아 갑니다.

유치원 교사 엠마 셰퍼는 놀이 기반 학습을 통해 언어 능력 발달이 이루어진다고 강조합니다. 엠마 선생님 교실에 가면 손 닿는 곳 어디든 책이 있어요. 교실이 분주한 일상에서 잠시 벗어나 이야기와 상상의 세계로 빠져드는 아늑한 공간이 될 수 있게요. 엠마의 유치원 속 놀이 독서 아이디어를 소개합니다.

좋은 문학과 그림책은 아이가 놀이를 통해 말과 글을 배워 가는 데 매우 중요한 역할을 합니다. 아이들은 자기가 잘 아는 상황을 역할 놀이로 만들곤 합니다. 자기가 가장 익숙한 역할을 맡아서 연기하고 바꿔서도 해 보지요. 읽은 책 내용대로 해 보기도 하고요. 역할 놀이를 하면서 아이들은 세상에 얼마나 다양한 일을 하는 사람이 있는지, 가족마다 얼마나 다른지 배웁니다. 계획대로 따라 주지 않는 친구 때문에 끙끙대기도 하지요. 유아기의 역할 놀이는 아이들이 타인의 입장을 체험해 보는 좋은 방법입니다. 부모 역할을 맡은 아이는 우는 아이를 돌보며 쩔쩔맨답니다. 역할 놀이 속 아기들은 정말 난리도 아니거든요.

그림책을 통해 아이들은 글에 어울리는 이미지를 보게 됩니다. 그림책 읽기는 아이들의 놀이를 지지·확장하고 영향을 미칠 여러 프로그램에 포함되곤 합니다. 해마다 똑같은 책을 읽으면서도 아이들이 얼마나 다양한 걸 새로이 발견해 내는지 몰라요.

유치원 교사로서 저는 많은 아이들의 흥미를 추적해 왔고 그 흥미를 북돋우기 위해 교실 공간 디자인까지 해 보았습니다. 아이들이 많이 노는 야외에도 책을 놔 뒀죠. 그래요, 그 책들은 금방 망가져요. 그래도 충분히 제 역할을 합니다. 아이들 흥미가 바뀌면 교실 속 집 코너에도 변화를 확 줍니다. 저는 날마다 교실에서 책을 읽어 주는데 집에서 가장 좋아하는 책을 유치원에 가져오는 아이도 있죠. 그러면 그 책을 칠판 앞에 진열해 두고, 아이들과 함께 읽고 이야기를 나누며 흠뻑 즐기죠. 유치원에서 읽은 것과 비슷한 책을 가져올 때가 많은데요, 그 참에 동물 책이나 학교를 소재로 한 책을 읽어 가기도 하고, 같은 작가가 쓴 책을 파 보기도 하지요.

얼마 전에는 『털북숭이 개 맥클러리』Hairy Maclary를 읽었어요. 아이들은 돌림자처럼 반복되는 개 이름을 짐작해 보면서 책에 빠져들더군요. 한 권을 읽고 나자 죄다 집에서 그 시리즈를 가져오는 바람에 맥클러리 광풍이 불었어요. 서로 개 흉내를 내며 자연스럽게 연극을 하게 되더군요. 소품이 필요하면 선생님에게 말하라고 했더니, 자기가 맡은 개에는 무슨 소품이 필요한지 상세한 회의까지 하던걸요. 결국 다양한 개꼬리 소품을 만들어 줬고, 상상 연극은 몇 주나 이어지며 역대급 흥행작이 되었답니다. 연극을 하면서 아이들은 대사뿐 아니라 몸짓도 이용하고 역할을 번갈아 맡을 줄도 알게 됐죠. 스스로 만들어 낸 새로운 역할을 연기하는 건 물론이고 교실을 마구 기어 다니면서 대근육 운동까지 빠짐없이 했지요!

새로운 주제를 위한 출발의 도구로 저는 늘 책을 활용합니다. 요즘은 전래동화 시리즈를 많이 활용했는데요, 아이들은 책 수업이나 역할 놀이를 하면서 전래동화를 재현해 냈어요. 교실에는 아이들이 상상의 물건을 가지고 놀고 활용하도록 마련된 '작은 세상' 코너가 있어요. 인형극용 인형을 비롯해 여러 가지 소품이 가득합니다. 아기돼지 삼형제 집도 지을 수 있고, 빨간 망토랑 할머니로 쓸 인형들도 있답니다. 관객 앞에서 연기하고 싶다는 아이들도 있어서 무대와 좌석도 만들어 줬어요. 입장권까지요. 이처럼 책은 예술에 몰두하는 경험의 강력한 시작점입니다.

최첨단 기술이 너무나도 눈부신 시대입니다. 아이들과 학부모를 위한 계획적인 교육 활동이 넘쳐나지요. 하지만 아이들이 저마다의 리듬과 속도로 노는 모습을 보면 얼마나 흐뭇한지요. 강력한 스토리텔링과 아름다운 그림이 조화롭게 어우러진 책은 아이들의 놀이를 더욱 풍성하고 소중한 순간으로 만들어 줍니다.

2
학교와 읽기가 만날 때

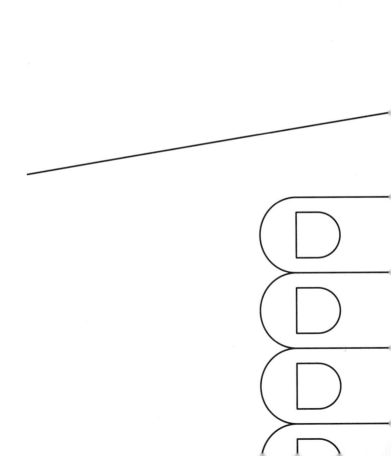

독자가 되는 시기

제 아이들이 글을 배워 가는 모습을 보며 알게 된 점이 있습니다. 특별한 문제가 있는 게 아니라면, 때가 오면 어떤 아이건 자연스럽게 글을 읽게 된다는 사실이었죠. 교사로서는 익히 아는 사실이었지만 아니나 다를까, 부모가 되니 얘기가 달라지더군요. 책을 즐기는 대신 두 딸에게 낱말 카드와 퀴즈를 만들어 주느라 정신없었지 뭡니까. 그것도 도움은 되었겠지만 아이들이 진정한 '독자'로 거듭난 건 역시 아름다운 글과 그림이 가득한 그림책 그리고 풍부한 음악 덕분이었죠.

그런데 한 집에서 똑같이 키워도 어떤 아이는 '열렬하게' 읽어 대고 어떤 아이는 책을 멀리하기도 합니다. 그러니까 '우리 아이는 책을 싫어해'라고 일찍 속단하지 않으셨으면 해요. 저마다 적절한 시기가 있으니까요. 제 남동생만 해도 어릴 때는 책을 그렇게 싫어하더니 지금은 누구보다도 다독가랍니다. 눈에 띄는 곳마다 좋은 책을 놓아 두세요. 준비하다 보면 틀림없이 때가 옵니다.

독해력

저는 아이들이 즐거움을 위해 책을 읽어야 한다고 주장하는 사람입니다. 독서는 아이들에게 편안한 휴식 시간이 되어 줍니다. 또 읽고자 하는 동기와 열의는 이해력 발달에 중요한 영향을 미친다고 합니다. 낱말과 문장을 해독하면서 아이는 드러나지 않은 내용을 유추해 보기도 하고, 내용을 제대로 이해했는지 스스로 짚어 보기도 하면서 글의 의미를 파악하는 방법을 배워 가지요. 아이와 함께 책 이야기를 나누는 것은 아이를 책으로 끌어들이고 읽은 내용을 잘 이해하도록 돕는 첫걸음입니다. 아이와 함께 책 읽는 일이 딱딱한 학습 경험이어서는 안 되지만, 주제나 줄거리에 대한 가벼운 질문을 던지고 이야기를 나누는 습관을 들여 보세요.

저는 어린 꼬마들과 책에 대한 멋진 대화를 나누곤 했어요. 아이들은 믿을 만한 어른과 좋아하는 책 얘기를 하면서 엄청나게 즐거워했답니다. 이제 막 '읽기 여행'을 시작한 어린이에게는 이런 책 수다를 이어 가는 것이 매우 중요합니다. 아이가 글 속 낱말들을 해독해 내기 시작하면 우리는 너무 흥분한 나머지 '읽기 학습' 과정에서 가장 중요한 요소가 '이해'라는 사실을 순간적으로 잊고 말지요. 낱말을 줄줄 읽어 내는 어린이를 무수히 봤지만, 책 내용 몇 가지만 물어봐도 말문이 막혀 버리더군요. 단어를 잘 안다고 책을 제대로 이해할 수준에 이른 것은 아닙니다. 읽기 발달 과정에서 가장 중요한 것은 바로 이해력입니다.

읽기 독립을 향해 가는 어린이와 나누기 좋은 질문과 대화 몇 가지를 알려 드리죠. 얼마든지 고치고 여러분만의 질문을 추가해도 좋습니다.

♬ 표지에서 작가 이름을 찾아볼까?

♬ 그림 그린 사람 이름을 찾을 수 있겠니?

♬ 책 속 그림들이 어때 보여? 칠해진 거니? 그려진 거니? 콜라주일까? 사진인가? 흑백이니, 색이 다양하니? 색은 어떻게 사용되었어?

♬ 어떤 그림이 가장 좋아? 이유가 뭐야? 그 그림을 설명해 줄 수 있겠어?

♬ 다음 이야기는 어떻게 펼쳐질까?

♬ 네가 작가라면 이렇게 이야기를 끝낼 거니?

♬ 이 책의 어떤 점이 좋아? 마음에 안 드는 점은?

♬ 작가가 무얼 말하려고 하는 걸까? 주제를 어떻게 찾아 냈니?

♬ 어떤 부분이 가장 신나고 재미있었어?

♬ 어떤 등장인물이 가장 좋았어? 이유는?

♬ 등장인물을 보면서 생각나는 사람 있었어?

♬ 이 책과 비슷한 책을 아니?

♬ 표지를 보자. 표지에 이야기에 대한 힌트가 있었니?

♬ 내가 말하는 부분을 책에서 짚어 보렴. (책등, 앞표지, 뒤표지, 뒤표지의 줄거리 요약, 제목.)

♬ 책을 읽고 어떤 기분이 들었어? 행복한 책이었어? 따뜻하고 친절한 느낌이었니? 조금 무서웠거나 모험이 있었어?

♬ 이 책을 읽으면서 먹기 좋은 음식은 뭘까?

♬ 이야기의 배경은 어디지?

♬ 방금 읽은 이 책에 대해서 질문 하나 해 볼래?

♬ 어떤 이야기인지 다시 말해 줄 수 있어?

♬ 이 책에서 이야기를 들려주는 이는 누굴까?

♬ 이 책을 좋아할 만한 친구가 있을까? 그 친구가 왜 이

책을 좋아할 것 같아?

이런 질문 한두 가지를 던져 보면 아이가 책을 얼마나 이해하는지도 알 수 있고, 비판적 독서를 하게끔 도울 수도 있습니다. 하지만 책을 읽을 때마다 숙제하듯 꼬치꼬치 묻는 것은 금물입니다. 그랬다간 책 읽기가 정말 재미없어질걸요. 아이가 흥미를 보이면 한두 가지만 가볍게 물어보세요. 저는 이 활동을 놀이처럼 만들려고 아이스크림 막대에 질문을 적어서 병에 넣고 뽑기를 하게 했어요. 종이접기로 동서남북을 만들어서 질문을 고르게 하거나, 좀 더 창의성을 발휘해 보드게임이나 질문이 적힌 마분지 주사위를 만들어 봐도 좋겠죠. 정해진 규칙은 없습니다. 아이를 가장 잘 아는 사람은 여러분이니까요.

책에 관한 대화를 더 풍부하게 이끌어 낼 방법이 또 있답니다. 바로 '책에 관한 책'이지요. 책의 온갖 부분을 설명해 주는 책, 독서의 즐거움을 말하는 책, 도서관 이야기를 담은 책 등 다양합니다.

초보 독자에게 추천하는 책

○　『개구리와 두꺼비는 친구』 아놀드 로벨, 엄혜숙 옮김, 비룡소, 1996

○　『아씨방 일곱 동무』 이영경, 비룡소, 1998

○　『책 먹는 여우』 프란치스카 비어만, 김경연 옮김, 주니어김영사, 2001

○　『펭귄 365』 장뤼크 프로망탈 글, 조엘 졸리베 그림, 홍경기 옮김, 보림, 2007

○　『만복이네 떡집』 김리리 글, 이승현 그림, 비룡소, 2010

○　『오빠와 나』 김양미 글, 김효은 그림, 시공주니어, 2014

○　『화요일의 두꺼비』 러셀 에릭슨 글, 김종도 그림, 햇살과나무꾼 옮김, 사계절, 2014

○　『변신돼지』 박주혜 글, 이갑규 그림, 비룡소, 2017

○　『한밤중 달빛 식당』 이분희 글, 윤태규 그림, 비룡소, 2018

○　『레기, 내 동생』 최도영 글, 이은지 그림, 비룡소, 2019

○　『꽝 없는 뽑기 기계』 곽유진 글, 차상미 그림, 비룡소, 2020

책과 도서관을 주제로 한 책

○　『도서관』 사라 스튜어트 글, 데이비드 스몰 그림, 지혜연 옮김, 시공주니어, 1998

- 『아름다운 책』 클로드 부종, 최윤정 옮김, 비룡소, 2002

- 『나는 책이 싫어!』 맨주샤 퍼워기 글, 린 프랜슨 그림, 이상희 옮김, 풀빛, 2003

- 『도서관에 개구리를 데려갔어요』 에릭 킴멜 글, 블랜치 심스 그림, 신형건 옮김, 보물창고, 2006

- 『나의 를리외르 아저씨』 이세 히데코, 김정화 옮김, 청어람미디어, 2007

- 『책을 좋아하는 햄스터』 플로랑스 데마쥐르 글, 베르나데트 퐁스 그림, 이효숙 옮김, 보물창고, 2007

- 『책 청소부 소소』 노인경, 문학동네, 2010

- 『그래, 책이야!』 레인 스미스, 김경연 옮김, 문학동네, 2011

- 『나랑 놀자!』 정진호, 현암주니어, 2018

- 『또 읽어 주세요!』 에밀리 그래빗, 김효영 옮김, 비룡소, 2019

- 『밤의 도서관』 데이비드 젤처 글, 라울 콜론 그림, 김정용 옮김, 아트앤아트피플, 2020

- 『책 먹는 도깨비 얌얌이』 엠마 야렛, 이순영 옮김, 북극곰, 2020

초보 독자를 돕는 디지털 기술

종이책과 전자책 사이에는 복잡한 관계가 있습니다. 아이들이 잘 읽고 쓰게 하기 위해 교사도 디지털 기술 활용 방식을 부지런히 연구하고 있지요. 첨단 기술이 결합된 읽기와 쓰기 경험은 분명 요즘 아이들의 학습 환경과 읽기 과정의 지형을 바꾸고 있습니다. 디지털 변화는 우리에게 유연한 사고를 요구합니다. 하지만 우리가 '화려하게 반짝이는 디지털 정보'로 얼마나 잽싸게 갈아타는지 떠올려 보면 생각이 많아집니다.

하이퍼링크, 스크롤 조작, 텍스트 확대·축소, 여러 가지 요소 선택 등을 아이들이 얼마나 손쉽게 해 내는지요! 터치를 통해 디지털 텍스트를 이해해 가면서 환호하고 몰입하는 아이들을 보면 기술은 리터러시 학습의 일환이 되기에 충분한 자격이 있습니다. 아기가 책을 알아 갈 때 촉각이 가장 중요한 도구였다는 사실을 떠올려 보면 터치스크린이 그리 낯설게 느껴지지만은 않지요. 기술은 아이들이 독서 경험을 스스로 통제할 기회를 제공합니다. 자막, 이미지, 소리 등을 조작하면서 아이들은 여러 종류의 텍스트로 놀이를 하고 있다고 느끼거든요.

아이들을 위한 디지털 리터러시 프로그램은 상당수가 공격적인 마케팅을 펼칩니다. 따라서 부모나 교사가 반드시 세심히 살펴보고 나서 아이 각각의 욕구나 흥미에 맞춰 프로그램을 골라 줘야 합니다. 기술은 종이와 놀잇감 등 전통적인 학습 자료와 함께 쓰일 때 최고의 교육적 효과를 이끌어 낸다는 연구 결과도 있습니다. 디지털 프로그램이나 어플은 학습자 스스로 학습 속도를 조절할 수 있으므로 책임감과 자율성이 주어집니다. 교실이나 집에서 어른의 직접적인 지시가 없어도 컴퓨터 한 대면 아이 스스로 과제를 마무리할 수 있고, 완료하면 즉각적인 피드백이 오죠. 결과가 바로바로 나타나니 아이들은 더 열심히 하게 되고, 교사는 더 많이 신경 써야 할 아이에게 집중할 시간이 생깁니다. 기술을 적절히 이용하면 교실에서도 아이들 각자의 다른 학습 스타일과 속도에 맞춰 나갈 수 있습니다.

잘 쓰고 그리도록 도우려면

낱말을 읽으려면 먼저 종이에 연필로 쓰고 그리는 법을 배워야 합니다. 읽기, 쓰기, 그리기는 기본적으로 연결되어 있습니다. 아이가 타인과 소통하기 위해서 유의미한 텍스트와 알아볼 수 있는 그림을 그리기 시작하면 놀라운 시간이 다가온 겁니다. 아이들이 텍스트를 이해하고 창조할 수 있다는 구체적인 근거가 되는 순간이죠.

작가이자 일러스트레이터인 친구 나렐 올리버는 제 첫째 딸의 삐뚤빼뚤하고 좌우가 뒤집힌 손글씨를 보며 이렇게 말했었죠. "그 손글씨 잘 간직해! 잃어버리지 마! 아이가 학교에 들어가서 '바른 글씨'를 배우기 시작하면 저런 느낌은 다시는 못 찾아. 그래픽 아티스트가 아이의 자연스러운 손글씨 느낌을 내려고 얼마나 고생하는지 모르지?" 조금이라도 '흐트러지는' 걸 못 견디는 사람인 저는 나렐의 현명한 조언을 따르지 않았어요. 첫째의 '끝내주는 손글씨' 작품은 다 없어지고 말

앗죠. 첫째는 이제 아주 '바른 글씨'를 쓴답니다. 끄트머리가 구부러지지 않는 정말 그냥 지겨운 글씨체가 되었어요. 나렐은 이제 세상을 떠났지만, 저는 둘째의 '환상적인 손글씨'를 꺼내 보면서 나렐을 추억한답니다.

그림도 마찬가지였습니다. 첫째가 공교육을 받게 되어 '올바른' 그리기 방법을 배우자마자 나렐과 함께 그렸던 구불구불 삐뚤빼뚤거리는 근사한 새 그림과 기발한 가족 그림은 더 이상 나오지 않았죠. 물론 거쳐야 할 단계라는 것, 아이의 창의성 속에는 여전히 자신감이 깃들어 있고 새로운 미술 기법을 배우면서 아이디어도 다시 샘솟으리라는 걸 알지만, '끝의 시작' 같은 기분이 든 것도 사실이에요.

전직 고등학교 미술 교사이자 사서 교사이신 제 어머니는 손녀들이 직접 그린 그림을 보면서 많은 대화를 나눕니다. 눈에 보이는 모습 그대로 그려 내지 못한다고 좌절하는 첫째에게 어머니는 이렇게 격려해 주셨어요. "그림을 사진으로 생각하지 말자. 그림은 사물을 똑같이 베껴 그리는 게 아니란다. 그런 일은 카메라가 해 줄 거야." 어머니는 예술이란 무언가를 바라보는 색다른 시선을 갖는 것, 사물이나 현상의 핵심을 붙잡는 것이라고 하셨죠. 모네에 관한 아름다운 그림책을 보며 어머니는 모네가 어떻게 움직임을 포착했는지, 물의 반짝임과 꽃을 어떤 기법으로 표현했는지 아이에게 알려 주셨어요. 저도 그림으로 이야기 표현하는 법을 가르칠 때 어머니 말씀을 써먹곤 하지요.

미술 도구, 글쓰기 자료, 백지를 충분히 마련해 두면 아이들은 즉흥적으로 샘솟는 창의적인 글과 그림을 바로바로 표현할 수 있습니다. 제 아이들 머리맡에는 언제나 무선 노트와 연필 한두 자루가 놓여 있답니다.(샤프는 안 됩니다. 저는 그렇게 배웠어요.) 아이들이 요청하지 않는 한 저는 아이들의 그림이나 글을 놓고 이러쿵저러쿵하지 않아요. 텅 빈 종이는 나이에 관계 없이 모든 아이에게 완벽한 공간입니다. 노트에 그어진 지긋지긋한 선에 맞춰 그리거나 써야 한다는 압박이 없을 때 아이들은 가장 창의적인 결과물을 만들어 냅니다.

마음껏 그리고, 쓰고, 만들고, 창조하고, 어설프게 뚝딱거리게끔 아이들을 북돋워 주세요. (실은 전혀 실수가 아닌) '예술적 실수'를 끌어안으며 아이들 고유의 스타일을 발전시켜 나가는 가장 좋은 길입니다. 독서와 더불어, 글쓰기와 그리기는 글과 그림을 보고 읽을 뿐 아니라 직접 창작하는 적극적인 아이들을 키워 내는 폭넓은 교육 방식으로 대접받아야 합니다.

한창 배워 가는 독자를 위한 책

○ 『내겐 드레스 백 벌이 있어』 엘레노어 에스테스 글, 루이스 슬로보드킨 그림, 엄혜숙 옮김, 비룡소, 2002

○ 『내 모자야』 임선영 글, 김효은 그림, 창비, 2014

○ 『겁보 만보』 김유 글, 최미란 그림, 책읽는곰, 2015

○ 『나는 3학년 2반 7번 애벌레』 김원아 글, 이주희 그림, 창비, 2016

○ 『그 소문 들었어?』 하야시 기린 글, 쇼노 나오코 그림, 김소연 옮김, 천개의바람, 2017

○ 『멋진 여우 씨』 로알드 달 글, 퀸틴 블레이크 그림, 햇살과나무꾼 옮김, 논장, 2017

○ 『삐삐는 어른이 되기 싫어』 아스트리드 린드그렌 글, 잉리드 방니만 그림, 햇살과나무꾼 옮김, 시공주니어, 2017

○ 『소희가 온다!』 김리라 글, 정인하 그림, 책읽는곰, 2017

○ 『내 인생이 한 권의 책이라면』 재닛 타시지안 글, 윤태규 그림,

김현수 옮김, 책읽는곰, 2018

○ 『행운이와 오복이』 김중미 글, 한지선 그림, 책읽는곰, 2018

○ 『그것만 있을 리가 없잖아』 요시타케 신스케, 고향옥 옮김,
주니어김영사, 2019

○ 『말들이 사는 나라』 윤여림 글, 최미란 그림, 위즈덤하우스, 2019

○ 『걱정 세탁소』 홍민정 글, 김도아 그림, 좋은책어린이, 2020

○ 『도둑맞은 김소연』 박수영 글, 박지윤 그림, 책읽는곰, 2020

○ 『숲속 별별 상담소』 신전향 글, 영민 그림, 파란자전거, 2020

3
학교 도서관

학교 도서관과 사서 교사

학교 도서관을 한물간 장소로 보던 시선은 이제 많이 바뀐 듯합니다. 이제 학교 도서관은 다양한 자료와 활동과 서비스를 누릴 수 있는 물리적 공간과 디지털 공간을 제공하는 학습 환경으로 굳건히 존재합니다. 시설과 예산 규모, 직원 수는 제각각이겠지만 모든 학교 도서관의 최우선 목표는 학생들의 학습을 도우며 평생 학습자와 평생 독자를 키워 내는 것입니다. 학교 도서관 교육 과정은 학교의 개별 교육 목표와 과정, 그 학교만의 가치관을 잘 이해하고 아우르는 사서 교사의 역량에 따라 편성됩니다.

　　학교 도서관은 학교 공동체의 펄떡이는 심장이며, 정신없는 학교생활에서 잠시 숨 돌리고 싶어 하는 아이들에게 안식처가 되어 주는 공간입니다. 대단히 화려한 최첨단 시설일 필요까지는 없습니다. 제가 처음 맡았던 초등학교 도서관은 허름한 주차장 한가운데 있는 한 칸짜리 조립식 건물이었어요. 오가기는 좀 멀어도 아이들이 언제나 들를 수 있는 아지트 같은 곳이었죠. 인원 제한이 있어서 회원 카드에 번호표를 붙여 관리해야 했는데요, '오늘은 점심시간에도 도서관 이용 가능' 카드는 『찰리의 초콜릿 공장』에 나오는 골든 티켓처럼 귀한 거였을 거예요.

다음은 제가 생각하는 이상적인 학교 도서관의 모습입니다.

♫ 환대받는 느낌을 주세요. 도서관 입구는 공동체 전체를 안으로 끌어들일 수 있어야 합니다.

♫ 눈에 띄는 존재여야 합니다. 건물 자체는 물론 표지판도 눈에 띄어야 하고, 온라인(학교 홈페이지나 SNS)과 오프라인(학교 메인 행사에 사서 교사도 보여야 해요) 모두에서 존재감을 드러내야 합니다.

♫ 도서관 직원은 밝고 친절해야 합니다. 도서관은 서비스를 제공하는 장소니까요. 직원들이 사무실 안에서만 근무한다면 사무실 문을 없애거나 도서관 카운터 쪽으로 일하는 장소를 옮겨 보세요.

♫ 패스트푸드 매장처럼 학교 도서관도 영업을 잘해야 합니다. 아이들에게 "잡지도 한번 빌려 가 보겠니?" 하

고 권해 보세요.

♬ 책을 체계적으로 관리하세요. 저는 정리는 정말 젬병입니다. 저희 집 소파에는 빨래가 산더미처럼 쌓여 있어요. 하지만 도서관의 모든 자료는 언제나 말끔히 정리돼 있어야 합니다. 직접 찾기도 검색하기도 쉬워야 해요. 십진분류법이 그래서 있는 거죠.

♬ 꾸준히 책을 정리하고 가려내야 합니다. 좋은 사서는 고전 작품을 잘 관리하겠지만, 어린이 독자들은 곰팡내 나고 찢어진 먼지투성이 책 사이에 박혀 있는 좋은 책을 결코 찾아낼 수 없어요. 오래되거나 망가진 책은 아름답게 손봐서 업사이클링 또는 재활용해야 합니다. 예산이 형편없이 적다고 해도 1972년부터 아무도 안 빌려 간 책을 25권이나 중복으로 갖고 있을 필요는 없죠.

♬ 전통과 최신 기술을 같이 활용해 주세요. 도서관에는 전자 기기를 획획 조작하는 아이들을 위한 QR코드도, 예술 가치가 있는 놀라운 그림책도 필요합니다. 종이책과 전자책은 충분히 행복하게 공존할 수 있습니다.

♬ 책도 읽고 공동 작업도 할 수 있는 편안한 공간을 만들어 주세요. 도서관은 누구에게도 방해받지 않는 편안

한 휴식과 고독을 누릴 수 있는 공간이자 아이디어를 나누고 함께 작업할 협력 공간이 되어야 합니다.

♫ 약간의 소음도 필요합니다! 도서관에서 저만 보면 "선생님은 도서관 선생님치고는 너무 시끄러우세요!"라고 하는 정 많은 친구들이 있어요. 아이들은 제가 "쉿, 조용히!" 하는 사서 스타일이 아니라는 걸 금방 알아채죠. 도서관은 차분하고 조용하기도, 웃음과 이야기가 가득하기도 해야 해요.

♫ 학생들이 언제나 접속할 수 있는 데이터베이스, 전자책, 웹사이트, 스트리밍이 가능한 현대적 학습 공간이어야 합니다.

사회적 공간으로서의 학교 도서관

아이가 자꾸 도서관에 간다고 걱정하는 부모님이 얼마나 많은지 모르실 겁니다. 점심시간에 혼자 '그냥' 책 읽으려고 간다면서요. 조용하고 편안한 논픽션 코너 뒷자리를 애용하는데, 가끔은 저도 거기서 그 애들과 함께 있고 싶어져요. 다른 도서관 직원들은 어떻게 하는지 모르겠지만 저는 이런 친구들이 보이면 살짝 불러내 나가서 친구들하고 햇살 아래서 땀 흘리며 뛰어놀라고 말해 줍니다. 아이들의 삶에서도 균형이 중요하니까요. 몸과 마음과 사회성이 건강한 균형을 이루게끔 어떤 아이에게는 일주일에 세 번만 도서관에 오는 걸 허락해 주기도 합니다. 이렇게 아이가 책을 너무 많이 읽는다고 걱정하는 부모님도 계시고, 아이가 책 좀 읽으면 소원이 없겠다고 하는 부모님도 계시죠.

　　도서관은 공부하고 놀이하는 아름다운 장소입니다. 아이들은 여러 가지 이유로 도서관을 찾아오지요.

♬ 학교 운동장의 소음을 피해서. 그런데 저는 세상에서 가장 시끄러운 사서 교사인데 어쩌죠. 최근에 유치부 아이에게 이런 말도 들었어요. "데일리 선생님, 우리 책 얘기 나중에 해도 돼요? 저 지금 진짜 책 좀 읽으려고 하거든요?" 학생에게 조용히 하라고 한소리 들으면 기분이 참 이상해요.

♬ 아이들의 하루는 참 바빠요. 학교생활은 더더욱 바쁘고요. 정신없는 하루를 보내다 점심시간에 도서관에서 즐기는 잠깐의 휴식은 아이들에게 매우 소중한 시간이랍니다.

♬ 도서관에서 책을 좋아하는 비슷한 성향의 친구와 어른들을 만나곤 합니다. 우정을 쌓기 좋은 기회죠.

♬ 편안한 분위기에서 아이는 중국이든 달나라든 미래든 과거든 자유롭게 상상 여행을 떠납니다. 학교나 집에서 힘든 문제를 겪는 아이들에게 안도감이 깃드는 시간이죠.

도서관에 지나치게 빠져 있는 아이들에게는 운동장에서 신나게 뛰어노는 방법을 알려 주며 도서관에서 잠시 떨어져 있는 '타임아웃'을 갖게 하고, 부모님이 학교 도서관 직원과 친분을 쌓아 두는 것도 좋아요. 몇 년 간 저는 제 '도서관 아이들'의 부모님들과 정이 많이 들 었어요. 그분들도 사실 책벌레이자 도서관 애호가더군 요. 한 가족처럼 가까워져 버렸죠.

요런 책벌레 아이들은 학교 도서관에 있는 메이커 스페이스(열린 제작실) 공간이나 비슷한 장소로 끌어 들여 보자고요! 다른 사람들과 아이디어를 공유하고, 토의하고 토론하며 문제를 해결해 나가는 것은 아이들 이 꼭 길러야 할 사회적 기술이자 삶의 기술이니까요.

좋은 책을 고르는 법

서점이나 도서관에서 책이 가득 꽂힌 커다란 책장 앞에 서면 압도되기도 하고, 도무지 책을 고르기 힘들 때가 있죠. 저는 그냥 와인 고르듯이 고릅니다. 일단은 표지나 디자인에 끌리고요, 어린이문학상 스티커가 붙어 있는지도 봐요. 그다음에 가격을 보죠. 아이들이 좋아할 만한 책 고르는 꿀팁, 제가 알려 드릴게요.

♫ 어린이 문학상을 믿으세요. 문학상은 우리를 좋은 방향으로 안내해 줍니다. 수상작은 늘 화제에 오르고 논란의 대상도 되지만, 어린이와 청소년 문학의 소중한 목록입니다.

♫ 주위에 물어보세요. 부디 도서관이나 서점에 직접 가서 어린이책 전문가를 만나 보세요. 우리처럼 책 좋아하는 사람들은 어린이 독자들과 대화하거나 독서에 재미 붙일 만한 책을 추천하는 일이 너무나 행복하답니다. 어린이·청소년 책 담당자가 따로 있는 서점이 많

이 있고, 도서관에서는 직원들이 도와줄 겁니다. 불친절한 사람을 만난다면 망설이지 말고 민원을 남겨 주세요. 저는 제가 하는 일이 서비스직이며 독자들은 고객이라고 굳게 믿고 있습니다. 사춘기인 제 아이들이 기겁하는 일이긴 한데요(제가 뭘 하든 싫어하지만), 서점에서 아이에게 무슨 책을 사 줄지 헤매는 부모님이 보이면 게걸음으로 슬쩍 가서 도와준답니다.

♬ 표지에 끌린다면 그 감을 믿으세요. 이럴 때는 작가가 말하고자 하는 바가 표지는 물론이고 내용에도 충실히 담겨 있을 확률이 높습니다. 훌륭한 표지는 책 내용을 하나의 이미지로 잘 종합해서 보여 주거든요.

♬ 아이들 주변에서 서성거려 보세요. 서점이나 도서관에 있는 아이들 곁에 서서 무슨 책을 고르는지 보고 무슨 책 얘기를 나누는지 엿들어 보세요(문제가 되지 않는 선에서요). 요즘 아이들이야말로 여러분이 어린이책을 고를 때 가장 좋은 가이드가 되어 줄 겁니다.

스스로 책 고르기

저는 우리 초등학교 아이들이 고등학교 갈 무렵이면 재미로 읽을 책을 스스로 잘 고르게 만들겠다는 목표를 갖고 있어요. 아이들에게 때론 넌지시, 때론 체계적인 방식으로 스스로 책 고르는 비법을 가르쳐 준답니다.

일단 아이들과 함께 표지가 앞을 향한 전면 책장을 쭉 돌면서 맘에 드는 책을 골라 보게 합니다. 제가 읽을 책을 고를 때도 가끔 쓰는 방법이죠. '표지에 고양이가 있네. 이거 읽어 보자! 아니, 잠깐. 사실 나 고양이 좋아하지도 않잖아. 개가 더 좋은데. 이 책은 표지에 레몬 나무가 있구나. 어릴 적 마당에서 뛰어놀던 때가 생각나네. 정원 가꾸기를 좋아하니까 이 책으로 할까나.' 그다음 되도록이면 아이들과 일대일로 이야기를 나눠 보고요, 유치부 아이들과는 선생님 도움 없이 어떤 책을 왜 골랐는지 물어보는 '책 행진' 놀이를 꼭 해 봅니다. 아이들이 자기가 고른 책을 들어 올리면서 이 책이 맘에 든 이유를 말해 보는 거예요.

아이들과 책을 고를 때는 어떤 패턴이 있습니다. 아이가 닉 블랜드의 『짜증난 곰을 달래는 법』을 맘에 쏙 들어 한다면 그 작가의 다른 책을 권하기 좋은 타이밍입니다. 다른 책에서도 작가의 그림 스타일을 인지하는지 볼 수 있는 기회도 되지요. 공룡과 같은 특정 주제를 계속 고른다면 정글에 사는 동물 책이나 논픽션 책을 권해 보면서 다른 주제와 분야로 지평을 넓혀 가게끔 이끌어 줍니다. '내가 잘 아는 것'에만 집착하다 보면 새로운 걸 알아 나가길 어려워할 수도 있으니까요.

초등학교 시절은 교사와 부모와 아이가 왜 이 책을 골랐는지 꾸준히 얘기 나눠 봐야 할 때입니다. 나중에 스스로 하게 될 오락적 독서를 위해서요. 스스로 책을 고르게끔 우리가 힘을 실어 주면 아이는 독서의 주도권을 쥐고 평생 독자로 우뚝 설 수 있습니다.

스스로 책을 고르는 아이에게 해 줄 질문

♫ 이 주제에 관심이 있니?

♫ 왜 이 책을 읽고 싶어?

♫ 첫 페이지를 읽어 보렴. 모르는 낱말이 거의 없니?

♬ 도전 의식을 불러일으키는 책이니? 도전할 만큼 흥미가 가니?

♬ 이 작가의 책을 읽어 본 적이 있어? 재미있었니?

♬ 가장 최근에 읽은 책은 무슨 책이야? 비슷한 책을 찾아볼까?

스스로 고르기 전략

♬ 좋아하는 작가 이름을 적고 그 작가의 작품들 찾아보기

♬ 도서관과 서점에 진열된 새 책 확인해 보기

♬ 집에 있는 책장을 샅샅이 뒤져서 가족들이 좋아했던 책 찾아보기

♬ 친구들에게 좋아하는 책이 뭐냐고 물어보기

♬ 친한 사서 선생님께 추천해 달라고 하기

♬ 도서관 책장을 살피면서 예전에 놓쳤던 보석이 있나 천천히 훑어보기

도서관 메이커 스페이스

8년 전에 우리 도서관에 온 재키 차일드는 여러 가지 정신 나간 아이디어를 제안했죠. 도서관 컨퍼런스에서 본 '힙한' 물건들이라며 도서관에 스패너, 드릴, 재봉틀을 들여 놓자는 제안도 했어요. 미국 여러 도서관에서 마을 커뮤니티를 도서관으로 끌어들여 공학 이론과 기술이 필요한 협력 프로젝트를 하는 걸 본 재키는 그런 프로젝트가 도서관에 딱이라고 생각했어요. 도서관은 물리적 정보와 디지털 정보를 풍부하게 갖추고 여럿이 공유하는 곳이니까요. 재키는 사서가 되기 전에 카레이서, 엔진 수리공, 스케이트 의상 디자이너로도 일했던 사람이에요. 저는 재키가 평범한 우리 도서관에 공구 열풍이라도 불러일으키려나 싶었는데요, 재키의 시도는 폭발적인 반응을 불러왔고 이제 호주에서 재키의 이름은 메이커 스페이스와 동의어처럼 되어 있습니다.

메이커 스페이스 철학은 질문과 탐구, 재발명과 새로운 방법 찾기를 중시합니다. 소비보다는 만들기와 고쳐 쓰기를 통한 배움에 집중하죠. 도서관과는 찰떡궁합입니다. 도서관은 정보가 저장된 곳, 정보를 찾고 공유하는 곳, 탐색하고 궁리하며 토론이 이루어지는 곳이니까요. 도서관에서 우리는 삶의 모든 분야에 적용할 수있는 지식, 경험, 기술을 얻어 저마다 흥미와 열정을 추구할 수 있어요. 이미 학교나 지역 도서관에서 일상적인 메이커 스페이스 활동이 이루어지고 있는데요, 이용자의 요구에 맞춘 시스템이 한창 구축 중이며 지원도늘어나고 있어요.

도서관에 오면 누구나 동등하게 정보, 자료, 최신기술에 접근할 수 있습니다. 최근 들어 로봇과 3D 프린터, 스캐너 같은 기기를 더 많이 들이는 추세이며, 사서들도 보다 자연스럽게 메이커 스페이스 운동을 수용하게 되었습니다. 이용자들은 최신 기술이 곁들여진 창작과 제작 공간에서 여러 가지 흥미를 현실화할 수 있게 되었죠.

우리 학교 도서관에서 우리가 수행하는 거의 모든메이커 스페이스 프로젝트의 시작점은 책입니다. 기존틀을 깨는 인물이 나오거나, 기술이나 장비로 새로운 캐릭터나 아이디어를 창조하는 책이죠. 우리는 캐서린 징

크스의 『기묘한 추적』A Very Unusual Pursuit을 읽고 우리만의 유령을 만들어 보았고, 레이윈 케이슬리와 캐런 블레어의 그림책 『샘의 대단한 발명품』을 읽고 집 안에서 일어나는 소소한 문제를 해결할 근사한 기계도 만들었죠. 메이커 스페이스 공간을 마련하자 책을 빌려 읽으며 여러 가지 만들기 활동을 하는 아이들이 늘어났습니다. 저는 아이들이 물건을 만들고 고쳐 가는 과정에서 의도치 않게 언어를 습득하고 여러 영역에 걸쳐 리터러시가 향상되는 모습을 보아 왔습니다. 도서관은 책을 즐기는 사람뿐 아니라 모든 이에게 열린 장소여야 합니다. 우리 도서관에 발을 들인 아이들은 온갖 매혹적인 책에 둘러싸여 저도 모르게 한두 권을 빌려서 나간답니다. 요즘은 엑스박스로 아메리카 더 와일드 게임을 즐기던 친구들이 도서관에서 잭 런던의 『야성의 부름』을 빌려 가게 됐죠. 사서 교사는 적절한 시기에 꼭 맞는 책을 찾아내는 전문가니까요!

읽고 쓰는 문제로 쩔쩔매거나 아직도 도서관을 불편하게 여기는 아이들에게 메이커 스페이스는 도서관으로 초대하는 다른 '입구'가 되고, 아이들 스스로 빛나게 만들어 주죠. 책을 좋아하게 되는 길은 매우 다양합니다.

메이커 스페이스 사고방식을 길러 주는 책

○ 『발명가 매티』 에밀리 아놀드 맥컬리, 김고연주 옮김, 비룡소, 2007

○ 『일과 도구』 권윤덕, 길벗어린이, 2008

○ 『공작도감』 기우치 가쓰 글, 다나카 고야 그림, 김창원 옮김, 진선북스, 2010

○ 『척척봇』 앤드루 킹 글, 벤자민 존스턴 그림, 최용은 옮김, 키즈엠, 2012

○ 『꿈꾸는 꼬마 건축가』 프랭크 비바, 장미란 옮김, 주니어RHK, 2013

○ 『발명가 로지의 빛나는 실패작』 안드레아 비티 글, 데이비드 로버츠 그림, 김혜진 옮김, 천개의바람, 2015

○ 『도구와 기계의 원리 Now』 데이비드 맥컬레이, 박영재·김창호 옮김, 크래들, 2016

○ 『상상하고 만들고 해결하고』 김승·강지훈·유정윤·한양대사회혁신센터, 미디어숲, 2019

4
읽기 좋은 공간

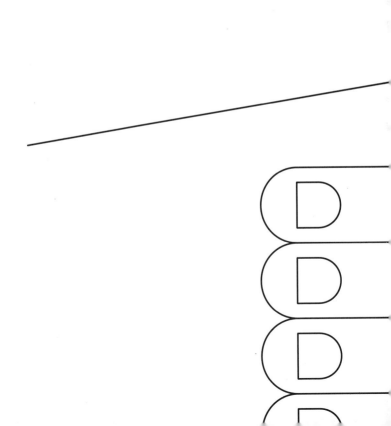

책이 있는 공간

집이든 유치원이든 학교든 도서관이든, 책 읽기만을 위한 공간을 만들면 아이는 책에도 책의 아름다움에도 푹 빠져듭니다. 이런 환경은 학습과 언어 교구만큼이나 중요합니다. 유치원이나 학교를 방문하면 한번 둘러보세요. 각종 표지판과 제목, 글과 그림이 들어간 포스터가 보이시죠? 인쇄물이 풍부한 환경입니다. 가정에서도 이렇게 꾸며 주면 아이는 글자와 숫자, 그림과 낱말에 익숙해집니다. 인쇄물 노출에는 뚜렷한 의도가 있습니다. 저는 다음과 같은 슬로건을 외치며 인쇄물이 풍부한 환경을 만들어 갑니다. 인쇄물을 전시하라, 인쇄물을 이용하라. 인쇄물을 중시하라!

저는 유치원이나 보육 시설에 가서 근사하게 꾸며진 책 읽기 공간을 둘러보는 걸 무척 좋아합니다. 아이들을 위해 특별히 계획된 공간을 보면 행복해지죠. 저는 마을 도서관의 책 읽기 공간에서 살아도 되는 사람이에요. 친구 집에 놀러 가면 아이 방 책꽂이부터 살펴

보고, 편안하고 큼직한 책 읽기 의자를 보면 감탄사를 연발해요. 유명 디자이너의 고급 가구는 못 알아보지만 읽기 공간과 책꽂이는 제대로 볼 줄 압니다.

아름다운 책, 소중한 그림책 속 그림은 가장 훌륭한 인테리어 소품입니다. 어쩌다 보니 저는 그림책 원화를 차곡차곡 모아 상당히 많이 소장하게 됐어요. 나중에 그림책 면지 그림만 모은 미술관을 세울 거라고 학생들에게도 입버릇처럼 말하고 다니죠. 그림책을 꽂아 둔 전면 책장도 굉장히 좋아합니다. 표지 자체가 예술 작품인 데다 어린이 독자들이 스스로 책을 고르기도 쉽거든요.

여러분의 책 공간을 어떻게 꾸미느냐는 전적으로 여러분에게 달렸습니다. 저희 집을 우리 학교 도서관처럼 꾸미고픈 마음이 굴뚝같지만 사실 어림없는 일이죠. 저는 책을 색깔별로 정리하지도 않는데요, 사서인 제 사고방식으로는 『시계태엽 오렌지』와 『곰돌이 푸』를 나란히 두는 건 있을 수 없는 일이거든요. 그런데 놀랍게도 십진분류법을 철저하게 지키는 제 동료가 집에서는 색깔별로 책을 정리했다지 뭐예요. 도서관에서는 말도 못 꺼낼 얘기죠!

책 아지트 꾸미기

글과 그림이 가득한 공간은 책을 사랑하게 만드는 지름길이죠. 저는 책을 테마로 아이 방을 여러 번 꾸며 주었답니다. 저에게는 색깔을 테마로 방을 꾸미는 것만큼이나 쉬운 일이니까요. 여러분이 가장 좋아하는 그림책 속 삽화나 가장 좋아하는 작가의 이야기에서 주제를 가져오면 됩니다.

둘째 방을 처음 꾸밀 때는 게이 채프만의 그림책 『푸른 공주』를 테마로 잡았어요. 이 책에서 따온 이름으로 아이의 미들 네임도 정했고요. 만삭의 몸으로 책 컨퍼런스에 갔다가 너무나 아름다운 포스터와 엽서가 가득한 출판사 부스에서 이 책을 만났는데요, 버들 무늬 접시에 관한 이야기라서 파란색과 흰색 중국 도자기에 은은하고 아름다운 유칼립투스 초록색도 활용했어요. 버들 무늬 쿠션과 텐트, 양털 양탄자, 책에 나오는 그림으로 만든 가랜드(복사품을 잘라서 만들었어요), 버들 무늬 해먹 침대까지 준비해 부드럽고 차분하게 꾸몄어요. 제가 꾸민 방 가운데 최고였죠. 악악대며 토할 듯이 울어대는 아기가 방에 들어오기 전까지는요(아직도 저는 그 악몽에서 회복이 안 됐습니다).

너무 거창하게 꾸미려고 애쓰지 않아도 돼요. 편안한 의자 하나 또는 책장 근처에 창가 자리 하나, 아니면 책 바구니 근처에 커다란 빈백 하나만 있어도 충분히 아늑한 읽기 공간을 만들 수 있답니다.

가족을 위한 공간 전문가 켈리 맥더너가 제시한 좋은 아이디어를 소개합니다. 학교와 교실 공간에도 적용할 수 있으니 참고하시길요.

어린 시절을 떠올리면 원목 책장 앞에 서 있는 제 모습이 생각납니다. 엄청 멋진 책장은 아니었어요. 사실 제대로 생각도 안 나요. 어린아이가 이 책장이 디자이너 제품인지 벼룩시장에서 헐값에 사 온 건지 알 턱이 없죠. 아이 눈에는 그저 책장에 꽂혀 있는 좋아하는 책들만 보여요.

상점, TV 프로그램, 온라인에 넘쳐나는 홈 인테리어 제품들을 보면 머스트해브 아이템 같은 고가 상품을 사야 하나 잠깐 흔들립니다. 그런 걸로 공간을 채울 수도 있지만, 그런 제품은 오래 쓸 물건도 아니고 아이에게 추억의 물건이 되지도 못합니다. 반면에 책은 오래오래 남습니다. 이야기는 세월을 뛰어넘지요. 이야기는 상상을 불러일으키고 영혼을 어루만지고 마음을 바로잡아 주는 환경을 만들어 냅니다.

책장

거실 공간이 부족하다면 새로운 생각을 해 볼까요? 선반은 다용도일 뿐 아니라 멋스럽고 유행을 타지 않아요. 선반을 낮게 달면 아이들이 좋아하는 책을 손쉽게 집을 수 있답니다. 가게 진열장을 떠올려 보세요. 눈길을 끌었으면 하는 상품은 눈높이에 진열돼 있죠. 책등을 보인 채 꽂힌 책들은 책장에 있다가 바닥에 쌓이지만, 표지가 보이게 두면 눈에 잘 띄어 집어 들기도 쉽고 순간순간 바꿀 수 있는 인테리어 소품이 되죠.

책을 보관할 공간이 부족하다면 좀 튀는 느낌의 바구니나 상자에 안 읽는 책을 넣어 두세요. 깔끔하고 관리하기도 좋답니다. 그리고 아이가 자주 가는 선반에는 늘 새로운 책들이 보이게끔 바구니를 계속 바꿔 놓으세요.

색깔

아이의 공간에는 색을 활용해야죠. 아이들은 저절로 색에 끌리니까요. 그렇다고 너무 자극적인 색으로 눈을 괴롭히라는 뜻은 아니고, 세 가지 메인 컬러를 골라 보세요. 아이가 좋아하는 색도 좋고, 아이가 좋아하는 책에서 가장 도드라지는 색도 좋겠죠. 방에 있는 의자나 이불 색도 좋고요.

메인 컬러 세 가지를 골랐으면 이제 비슷한 세 가지 색을 추가로 고르세요. 밝은 파랑에는 부드러운 회색을 더하면 어울릴 거예요. 평범한 조합에서 벗어나 과감한 시도를 해 보고 싶으면 색상환을 가져와 보세요. 의외의 색 조합이 괜찮을 때도 있답니다. 이런저런 시도 끝에 여섯 가지 색이 정해졌나요? 선택한 색을 톤을 달리해 배치하면 지나친 깔맞춤 느낌을 피할 수 있고, 여러 색상이 어우러져 편안하면서도 다채로운 분위기가 됩니다.

공간

책 아지트가 엄청나게 클 필요는 없어요. 캐노피 아래 양탄자를 깔고 책 바구니에 편안한 쿠션 하나만 놓아도 아이의 눈길을 끌 수 있죠. 아이들은 우리가 생각지 못한 장소를 찾아내는 놀랍고 귀여운 존재랍니다. 그러니 대단한 공간을 만들어 줘야 한다는 부담은 갖지 마세요. 방을 통째로 바꿀 필요는 없지만, 아이의 시선으로 방을 한번 둘러보면 아이를 위한 가장 좋은 공간을 그려 볼 수 있을 거예요.

공간이 충분하지 않다면 다용도로 쓰면 됩니다. 미술과 공작 도구를 카트에 실어 놓으면 이동식 메이커 스페이스가 되죠. 내용물을 바꾸기도 쉽고요!

아이들은 어른이 보기엔 이상한 공간을 좋아하곤 합니다. 도서관에서 저는 날마다 그런 현장을 목격하죠. 책상 밑이나 책장 한가운데서 책을 읽는 아이들이 있어요. 저는 아이들에게 눈을 감고 가장 좋아하는 책 아지트를 상상해 보라고 해요. 색깔과 가구, 분위기와 소리 그리고 '느낌'을요. 먼저 글로 묘사하고 그다음 그 공간을 그려 보고 색칠해 봅니다. 시간이 허락한다면 메이커 스페이스에서 책 아지트 모형도 만들어 보고요. 저한테는 침대가 가장 아늑한 아지트인데요, 아이들이 얼마나 다양한 아지트를 상상하는지 몰라요. 보통 아담

하고 아늑한 공간을 선호해요. 바닥이나 텐트, 담요 속, 침대처럼 편안하고 조용한 공간이죠. 바깥이 좋다는 아이들도 많아요. 나무 위나 선착장을 묘사하는 아이도 있고요. 버스 안이나 쇼핑몰처럼 붐비는 장소를 고르는 아이들도 있습니다. 그런 곳의 시끄러운 분위기를 '차단'해 주는 게 책 읽기라더군요. 우리가 책 읽기 좋다고 생각하는 환경이 정답은 아니라는 사실을 알 수 있죠. 어떤 공간에서 책을 읽고 싶은지 아이와 이야기를 나눠 보고 또 아이들의 창의력을 이끌어 내는 활동을 하다 보면 여러분의 어린 독자로부터 귀중한 통찰력을 얻게 될 겁니다.

책 읽는 교실

교실에도 즐겁게 책 읽을 공간이 필요합니다. 2학년 교실에서 처음 아이들을 가르치던 기억과 제가 만든 책 아지트가 생생하게 떠오르는데요, 지금까지도 가장 좋았던 시절로 고이 간직하고 있어요. 자주색과 청록색 망사 천과 자주색 별이 그려진 커다란 쿠션 열 개, 오래된 책에서 오려낸 페이지들로 공간을 꾸미고 학교 도서관에서 매주 바꿔 오는 아름다운 책들을 책바구니와 창턱에 진열했어요. 그 망사 천은 제가 교실에서 도서관으로 일터를 옮길 때도 함께 움직였죠. 제가 맡은 첫 도서관은 색깔과 글자들이 넘실대는 공간이었답니다.(눈이 어지러울 정도는 아니었어요. 몇 가지 색깔만 사용하는 원칙을 지켰으니까요.)

인스타그램과 핀터레스트를 보면 근사한 책 아지트 사진이 넘쳐납니다. 하지만 꼭 기억할 부분이 있어요. 아이들의 관심과 흥미를 염두에 두고, 아이들과 함께 공간을 꾸며 나가야 한다는 점입니다. 책을 어떻게 배치할까? 중요한 책은 어떻게 진열하고 '홍보'하면 좋을까? 편안한 공간을 만들려면 뭐가 필요할까? 의자? 쿠션? 빈백? 책은 얼마나 자주, 누가 바꿀까? 책을 더 많이 읽게 만들려면 어떤 색으로 눈길을 끌면 좋을까? 획기적인 방법이 있을까? 아이들이 이런 문제를 궁리하며 공간을 꾸미는 과정에 직접 참여하면 주인의식도 생겨나고 그곳을 더 편안하게 느낍니다. 책을 그다지 좋아하지 않는 아이들도 책과 관련된 일에 참여하게끔 이끌 수 있고요. 모두에게 긍정적인 결과를 가져옵니다.

교실 속 책 아지트를 어떻게 꾸려 나갈지도 중요한데요, 정기적으로 책을 바꿔 줘야 아이들의 흥미가 지속됩니다. 대개는 도서관 직원들이 학기마다 여러 장르의 책을 적절히 섞어서 교실로 보내 줍니다. 매주 아이들에게 '책 도우미'를 번갈아 맡기는 교실도 있습니다. 공간을 관리하고 책을 바꿔 놓고 정리하고 새로이 진열하는 역할이죠.

도서관 공간

학교 도서관은 교사와 학교뿐 아니라 학생의 요구까지 수용해야 하는 공용 공간입니다. 도서관에 필요한 것은 눈부시게 화려한 공간이 아닙니다. 학생들에게는 널찍하고 활동적이고 사회적인 공간, 작고 친밀하고 조용한 공간이 균형을 이루는 장소가 필요합니다. 첨단 기술도 은근슬쩍 접목되어 있어야겠죠. 도서관은 아이들이 모여 소리 내 읽으면서 토의하고 토론할 공간도 되어 주고, 잠시 쉬어 가며 조용히 성찰할 수 있는 아늑한 책 아지트 역할도 해 주어야 합니다.

학창 시절에 독서실처럼 칸막이가 쳐진 책상이 기억나는 분들이 많이 계실 거예요. 홀로 차분히 공부할 수 있는 개인 공간이었죠. 모둠 학습이 인기를 끌면서 이런 공간은 유행에서 멀어졌지만, 아이들에게는 혼자 조용히 생각하고 창조하고 궁금증을 가질 시간이 필요합니다.(소란스러운 학교에서는 특히요.) 그래서 우리 도서관에는 학생들이 혼자 또는 소규모로 모여 공부할 수 있는 구멍가게 같은 '부스'가 있답니다. 픽션 코너 근처에 있어서 아이들은 부스에서 공부할 책이나 재미로 읽을 책을 편히 고르곤 합니다. 이 공간은 너무 구식으로 보일 거라는 우려를 비웃듯 우리 도서관의 가장 큰 자랑거리가 되었죠!

　도서관에서 책 진열이 얼마나 중요한지에 대해서는 밤새도록 얘기할 수 있지만, 여러분의 뇌리에 박힐 딱 한 마디만 뽑아 볼게요. 도서관에서 책은 여기저기 진열돼 있어야 하고, 늘 바뀌어야 합니다. 전문성을 띠어야 하고(조악한 그림으로 꾸미는 건 곤란해요), 책 표지가 보이도록 진열된 책들도 빌려 갈 수 있어야 해요.

　역동적이고 끊임없이 성장하는 도서관 환경에서 근무하는 저는 참 운이 좋다고 생각해요. 도서관은 현대적 학습 환경의 많은 요구 사항을 충족시켜야 하는 곳이죠. 다양한 교육 이론을 촉진하고 지원하며, 전달과 적용, 소통과 창조까지 가능하게 하면서 누구나 읽고 쓰는 일에 자유롭도록 힘쓰는 공간이 되어야 합니다.

5
흔들림 없이 읽어 가는 법

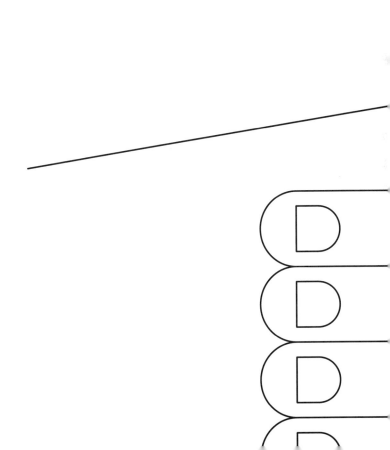

읽는 능력

글을 읽고 이해하는 능력은 삶의 방향을 제대로 잡아 주고, 교양 있고 능동적이며 헌신적인 사회 구성원이 되게끔 이끌어 줍니다. 재미를 위해서만이 아니라 꾸준히 책을 읽으면 공부도 잘하게 된다는 걸 많이들 경험하셨을 겁니다. 우리는 아이들이 소설뿐 아니라 길거리에 있는 환경 표지판과 광고 이미지, 복잡한 윤리적 이슈가 담긴 글에 이르기까지 다양한 텍스트를 능숙하게 이해하고 비판적인 사고를 갖기를 바라죠. 깊이 있고 의미 있는 읽기는 이런 능력을 길러 줍니다. 그러면 어떻게 하면 흔들림 없이 독서를 이어갈 수 있을까요? 아이들을 읽게 만들고, 계속 읽어 나가게 자극하는 것은 무엇일까요?

학년이 올라갈수록 아이들은 보다 목적성을 띠고 전략적인 읽기를 해야 합니다. 교육 과정에 맞추어 점점 더 많이 읽어야 하고, 고등학생이 되면 읽어야 할 양이 급격히 늘어납니다. 어릴 때부터 책을 즐긴 아이들은 독해력이라는 강력한 무기를 장착한 거나 다름없으므로 학업을 위한 읽기에 대단히 유리한 고지에 서 있다고 할 수 있죠. 그저 즐거워서 책을 읽고, 미친 속도로 소설을 독파해 내면서 탄탄한 배경 지식, 분석하고 추론하는 능력을 갖춘 아이들은 고등학교에 가서 많은 양의 읽기 과제가 주어졌을 때 진가를 발휘합니다.

즐거움을 위한 독서는 고등학교 때도 멈춰선 안 됩니다. 판타지는 수학 공부에서 잠시 빠져나올 수 있는 탈출구가 되죠. 엄청난 학업 부담에 짓눌리지만 어떻게든 헤쳐 나가는 주인공을 보며 위안받기도 하고요. 연령에 맞는 소설을 구비해 두면 아이는 휴식 시간에 책을 읽으며 학교 밖 세상으로 나가 볼 수 있겠죠. 신문, 잡지, 그래픽 노블도 탈출구 역할을 합니다. 빠르게 몰입했다 나올 수 있는 짤막한 글은 시간에 쫓기는 아이들에게 신속하고 재미난 읽을거리지요.

단, 열심히 읽는 아이를 자꾸 압박하지는 마세요. 저도 찔리는 부분인데 정말 아무 효과가 없었어요. 읽기라는 즐거운 행위를 귀찮은 일로 만들 뿐이었죠. 언제 어떤 상황이건 읽기는 즐거워야 합니다. 압박은 가장 열렬한 독자도 짜증 나게 만들 수 있습니다.

독서의 폭 넓혀 가기

초등 저학년 무렵에 읽기 수준이 어느 정도 올라온 아이들은 좀 더 복잡한 이야기, 특히 관심 있는 분야의 책을 갈망하기 시작합니다. 상어, 요정, 마법 이야기나 히어로물 등을요. 솔직히 이 시기에 부모와 교사는 기운이 빠집니다. 이런 질문을 하면서 스트레스를 받기 시작하죠. 도대체 어떤 책을 줘야 돼? 어떤 책이 적절한지 내가 어떻게 알아? 이 나이 애들이 해리 포터를 읽을 수 있을까? 내가 어릴 때 읽은 고전을 주긴 좀 그런가?

저는 나이에 알맞은 책을 읽어야 한다고 주장하는 사람입니다. 의견이 분분하긴 한데, 집이나 도서관에 있는 책이라면 뭐든 읽게 해 줘야 한다는 부모님도 많이 계십니다. 아이를 가장 잘 아는 사람은 부모이며 아이의 읽기 수준을 가장 잘 판단할 수 있는 사람도 부모죠. 아이의 연령보다 훨씬 수준 높은 책으로 읽기 범위를 확장하고 싶은 부모님들께 사서 교사로서 제가 늘 지적하는 부분이 있습니다. 1~2학년 아이들이 정말 유창하게 모든 단어를 읽는다고 해도, 가령 해리 포터를 줄줄 읽는다고 해도 낱말의 의미나 이야기 구조는 이해하지 못할 가능성이 높습니다. 해리 포터와 완전히 사랑에 빠지지 못하는 아이를 생각하면 참 속상하죠. 케네스 그레이엄의 『버드나무에 부는 바람』이나 애나 슈얼의 『블랙 뷰티』 같은 책도 마찬가지입니다. 너무 이른 시기에 읽히면 낱말은 이해할지 몰라도 문장의 아름다움을 제대로 느끼기란 힘듭니다. 최악의 경우 그 훌륭한 책을 증오하게 되기도 하고요. 고전은 적절한 나이에 읽히면 훌륭한 읽을거리가 되지만 아직 읽는 방법을 완전히 깨닫지 못한 어린 독자에게는 고난의 시간을 안겨 줄 뿐입니다. 제 경험에 따르면, 책은 적절한 나이에 읽힐 때 가장 큰 효과를 발휘합니다. 물론 예외는 있다 해도요.

아이가 언제나 읽을거리를 갈망한다고요? 그렇다면 특정한 교육 목적성을 띤 챕터북*을 읽혀 보세요. 아이가 '너무' 쉽다고 해도 분명 도움이 됩니다. 그런데 아이가 챕터북을 줄줄 읽는다고 그림책을 그만 읽히지는 마세요. "엄마가 이제 글 읽을 수 있으니까 챕터북만 빌려 오랬어요. 그림책은 그만 빌리래요." 이런 말을 하

---

*　쉬었다가 다시 읽을 수 있도록 여러 장으로 구분되어 있기 때문에 챕터북이라 부릅니다. 삽화가 많이 들어가 있습니다.

는 아이들한테 1달러씩 받았다면 저는 억만장자가 되어 은퇴하고 발리에 살고 있을 거예요. 그림책은 우리가 어릴 적부터 긴 시간을 함께해 온 책입니다. 오늘날의 그림책을 보면 쉬운 챕터북보다 훨씬 복잡하고 수준 높은 글도 많고, 줄거리도 정교하고 많은 생각을 이끌어 냅니다. 그림은 아직 말도 안 꺼냈는데도요! 이미지의 시대를 살아가는 우리에게 그림책은 그 어떤 교육 수단보다 비주얼 리터러시를 잘 가르쳐 줍니다. 책 사랑꾼 아이들은 그림책의 숨은 뜻을 누구보다도 잘 찾아내죠. 그림책의 훌륭한 점은 끝도 없이 늘어놓을 수 있지만 한 마디로 줄이겠습니다. 저는 모든 아이가 끊임없이 그림책을 읽어야 한다고 믿습니다.

연령에 비해 독해 능력이 뛰어나고 작가 못지않게 글도 술술 잘 쓰는 아이도 아주 많습니다. 부모님은 대단히 흐뭇하시겠지만, 이런 영재성을 학습에 꾸준히 연결하기란 꽤 힘들 수도 있습니다. 다음은 영재아를 키우며 학습 범위를 넓혀 주고 싶은 부모님께 영재교육 전문가 트레이시 핸드가 드리는 조언입니다.

21세기 아이들의 유년기는 이전과 완전히 달라졌죠.

엄마가 "밥 먹을 시간이야" 하고 부르기 전까지 아무런 간섭 없이 친구들과 맘껏 뛰어놀던 우리 세대와는 확연히 달라요. 지금 아이들에게 책은 '최후의 보루' 같은 겁니다. 책을 읽는 건 모험의 스릴과 '무엇이든 일어날 수 있다'는 감각을 경험할 수 있는 거의 마지막 기회인 셈이죠. 저는 책은 아이의 삶을 풍요롭게 하는 필수 요소라고 생각합니다. 오늘날에는 더더욱이요.

자녀에게 '적합한' 책을 추천해 달라는 부모님께 저는 아이의 흥미와 능력치에 부합하는 책을 찾도록 도와주라고 말씀드립니다. 연령별로 선정된 도서는 영재아의 갈망을 채우기에 깊이가 부족하고 너무 단순한 경우도 있으니까요. 아이가 몸소 고른 책을 늘 세심히 살피고, 책에 풍덩 빠질 수 기회를 제공하면 아이는 상상력과 창의력, 비판적 사고를 활짝 꽃피웁니다.

책벌레 아이들이 다양하게 읽게 하려면

1. 다양한 유형과 주제의 읽을거리를 마련해 아이들이 깊이 사고하고 도전하게 해 주세요. 갈증 날 때 물을 주듯이 열렬하게 읽고 싶어 하는 아이들에게 폭넓은 책을 제공해 주세요.

2. 나이에 적합한 주제를 골라 주세요. 읽기 수준이 높은 아이들은 더 높은 연령을 겨냥한 책도 읽어 낼 수는 있습니다. 하지만 내용 때문에 스트레스를 받거나 혼란스러워지기도 해요. 1학년인데 읽기 능력은 중학생 수준이었던 아이가 기억나네요. 학교 도서관에서 '무서운 사실, 잉카 문명'이라는 짧은 기사를 읽고 몇 달간 잠을 못 이루었다는군요. 이 아이를 괴롭힌 문제는 이거였어요. "엄마, 잉카인은 왜 아이들을 죽였대요?"

3. 아이가 읽는 책에 대해 얘기 나누는 시간을 가져 보세요. 아이가 관심을 가진 주제를 놓치지 않고 따라갈 수 있어요.

4. 아이가 거부하지 않는다면, 자주 소리 내어 책을 읽어 주세요. 읽기가 빠른 아이들에겐 더 이상 읽어 줄 필요가 없다고들 생각하시는데요, 소리 내어 읽어 주면 아이의 읽기 능력이 자연스레 향상될 뿐 아니라 읽기 경험도 더 풍성해집니다. 특히나 특정 장르의 책을 좋아하기 시작한 시기라면 말이죠.

5. 아이와 함께 마을 도서관에 자주 가고, 사서 선생님과 친해지세요. 읽기가 빠른 아이들의 흥미에 맞는 책, 새로 들어온 책을 추천받을 수 있을 거예요.

책을 잘 읽는 아이들에게도 되도록 오래 책을 읽어 주세요. 책으로 경험을 공유하고 얘기 나누면서 우리는 끈끈히 이어집니다. 또 읽기 수준이 각기 다른 아이들에게 한자리에서 책을 읽어 주면 함께 읽는 분위기 속에서 같이 의미를 파악해 가면서 동등한 독서 경험을 누리게 해 줄 수 있답니다.

읽는 사람에서 쓰는 사람으로

읽기와 쓰기에는 강력한 상관관계가 있습니다. 잘 읽는 사람이 글도 잘 쓰는 경우가 많죠. 읽기와 쓰기는 같은 인지 능력에 의존하며 두 기능이 서로를 강화합니다. 오락용 독서건 학습용 독서건 저는 아이들의 읽기 능력 향상을 위해 글쓰기를 충분히 활용합니다. 아이들이 흥미로워하는 책이나 함께 고른 책을 토대로 모둠 활동을 하며 글쓰기 능력을 키우고, 온라인으로 작가를 초대해 인터뷰하는 시간도 가져 봤어요. 줄거리를 만들어 보고 시 한 편을 써 보면서 아이들은 쓰기와 읽기의 선순환 고리에 들어갑니다. 창의적 글쓰기는 학문적 글쓰기와도 연관성이 큽니다. 폭넓은 독서로 차곡차곡 쌓인 어휘력은 아이들이 어떤 종류의 글이건 잘 쓰게 하는 밑거름이 됩니다.

『맵메이커 연대기』The Mapmaker Chronicles와 『아테반』Ateban 시리즈를 쓴 알리슨 테이트는 『작가가 되고 싶다면』이라는 팟캐스트를 공동 진행하면서 아이들에게 작가라는 직업이 얼마나 멋진지 일깨워 주죠.

"볼 수 없다면, 될 수도 없다." 이 문구는 모방의 중요성을 강조하는 유명한 말이지만, 읽기와 쓰기에도 딱 들어맞습니다. 최고의 작가들에게 글쓰기 비결을 물으면 가장 많이 나오는 대답이 바로 이거죠. 팟캐스트에서 작가 수백 분을 모시고 글쓰기 왕도를 물어본 제가 장담할게요. 많이많이 읽으세요! 누구를 보면서 작가를 꿈꿨냐고 제게 묻는다면 저는 '어릴 때 읽은 책' 덕분이라고 말할 거예요.

이야기의 구조와 리듬, 대사와 묘사를 어떻게 배웠냐는 질문을 받으면 저는 자연스럽게, 본능적으로 알게 됐다고 말합니다. 어릴 때부터 지금까지 읽어 온 수천 권의 책 덕분이거든요. 추리물, 로맨스, 모험 이야기, 아름답긴 한데 무슨 이야긴지 알 수 없는 책까지 마구 읽었어요. 그러면서 제가 사랑하는 책은 물론 별로 좋아하지 않는 책까지 모조리 흡수했죠. J.R.R. 톨킨, 마거릿 우드, 스티븐 킹, 제인 오스틴, 주디 블룸, S.E.힌튼, 찰스 디킨스, 마크 트웨인의 글을 읽으며 저도 모르는 사이에 글쓰기 기술을 습득한 거예요.

논픽션을 읽으며 정말 사소한 사실 하나가 단어의 바다 속에서 가장 흥미로운 일이 될 수 있다는 걸 알게 됐고, 만화책을 보면서 이야기가 진행되려면 매 칸마다 뚜렷한 아이디어가 들어가야 한다는 걸 알았어요. 회고록을 읽으며 사람들은 진솔한 목소리가 담긴 이야기에 끌린다는 것도 알게 됐죠. 이 모든 걸 망라해 『맵메이커 연대기』를 썼답니다.

책을 읽는 아이들은 이야기에 기승전결이 있다는 걸 알죠. 이야기가 되려면 그저 묘사로 그쳐서는 안 되고, 무언가 사건이 일어나야 한다는 것을요. 책을 많이 읽는 아이들은 등장인물이 또 다른 세계에 느닷없이 끌려 들어갔다가 막판에 주목을 받으며 등장하는 방식에도 익숙하죠. 저는 아이들에게 글쓰기에서 가장 좋은 점은 '내가 세상을 창조하고 내 맘대로 한다'는 거라고 말해요. 아이들은 바로 이해합니다.

독서는 상상력, 아이디어, 이미지에 활활 불을 지핍니다. 뭔가를 만들어 내려면 공구 세트가 필요하죠. 글쓰기도 마찬가지입니다. 책을 좋아한다면 이미 준비된 거나 다름없어요. 여태 읽은 이야기들을 엮어 큰 이야기를 세워 가면 되니까요. 이런 공구, 탐나지 않으세요?

6
읽기, 고비의 순간들

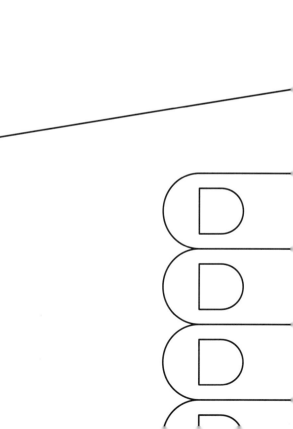

젠더에 관하여

저는 남녀공학, 여학교, 남학교에서 모두 일하면서 '젠더' 서적에 대한 다양한 의견을 들어 봤습니다. 남학교에 있을 때는 이런 말을 숱하게 들었어요. "남자애들 책 읽히기 엄청 힘들걸요!" 그럴 때면 화도 나고 기운도 빠지고 그랬죠. 그렇게 뭐든 부정적으로 반응하는 사람들에게 점심시간마다 남학생들로 미어터지던 우리 도서관을 보여 주고 싶었어요. 솔직히 남자애들이 체스 하러 오거나 잡지 보러 아니면 아이패드 사용하러 왔던 건 맞아요. 하지만 아이들은 책이 가득한 공간에서 편안함을 느낍니다. 책을 빌려 가는 아이도 굉장히 많았고 신간 도서 신청도 엄청났어요. 책에 대한 멋진 대화도 많이 나눴고요. 지금 저는 여학교 도서관에서 일하는데, 책을 빌려 가는 비율이나 책을 둘러싼 이야기 모두 남학교에 있을 때와 비슷합니다. 남학교에서는 상어나 기차에 관한 책, 여학교에서는 헤어스타일과 요정 책이 좀 더 인기가 있긴 하지만, 책장에서 선택되는 책들은 대체로 비슷해요. 저는 남녀 학생 모두가 흥미를 가질 만한 책을 구비해 두려고 애쓰기에 남녀공학이건 아니건 책장은 대체로 비슷한 편입니다.

남학생은 이런 책을, 여학생은 이런 책을 읽을 거란 어설픈 추측은 아이들에게 되레 피해를 줍니다. 『앨리스-미란다』Alice-Miranda, 『클레멘타인 로즈』Clementine Rose, 『켄지와 맥스』Kensy and Max 등 인기 시리즈를 쓴 재클린 하비는 책을 평가하는 행위가 왜 중단되어야 하는지 의견을 밝혔습니다.

부모님이나 선생님이 남자아이들에게 제 책을 읽지 말라는 말을 할 때마다 제가 1달러씩 받았다면, 슬픈 상상이지만 저는 꽤 많은 돈을 벌었을 거예요. 아이가 저를 만나고 싶어 안달하는 사인회에서도 학교에서도, 그냥 여기저기서 자주 벌어집니다. "네가 좋아할 만한 책 아니야. 표지 주인공이 여자애잖니." "봐봐, 여자애들 책인데?" "남자애들은 이런 책 안 읽어." 알 만한 상황이죠? 저만 겪는 일도 아니에요. 여자아이가 주인공인 책을 쓴 동료 작가들도 무수히 겪어 왔습니다.

교사일 때 경험에 비추어 보면, 여자아이들에게 남자

가 주인공인 책을 집어 들게 하는 건 별로 어렵지 않았지만 반대로 하는 건 상상 이상으로 힘이 들었습니다. 하지만 남자아이들에게도 여자가 주인공인 책을 읽도록 권해야 합니다. 그러지 않는다면 우리는 남자아이들에게 이런 말을 하고 있는 셈입니다. "여자아이들에 관한 이야기는 별로 없어. 여자는 별로 안 중요해. 남자만큼 능력이 안 돼."

더한 경우는 남녀공학 학교에서 작가와의 만남이 열렸는데 여학생만 앉아 있는 경우예요. 남학생은 다 어디 갔냐고 물으면 이런 대답을 듣게 되죠. "뭐, 아시잖아요. 작가님 책에 여자만 나오니까 남자애들은 별 관심 없을걸요?" 이런 일이 쌓이고 쌓이다 보니 폭발하겠더라고요. 저는 여자건 남자건 모든 아이들과 즐겁고 유용한 시간을 가질 자신이 있는데 말이죠. 재미나고 멋진 시간이었다는 피드백을 얼마나 많이 받았는데요. 작가와의 만남을 준비하신 선생님들이 제 책을 여학생만을 위한 이야기로 여기는 바람에(다들 책 안 읽고 오시는 건 비슷하다죠) 남학생들이 좋은 기회를 놓친다고 생각하면 터무니없기도 하거니와, 저에게는 큰 상처가 돼요. 남자 주인공이 나오는 이야기를 쓴 남자 작가와의 만남 자리에 여학생들이 없는 상황이 상상되세요? 그런 일은 절대 없죠.

그래요, 출판사도 이런 잘못된 믿음을 굳히는 데 큰 역할을 하죠. 특정 성별을 대상으로 한 마케팅은 흔한 일이에요. 반짝이는 분홍 무지개 유니콘이 표지에 있는 책은 남자아이의 시선을 못 끌지도 모르죠. 남자아이와 여자아이가 각각 다른 데 끌린다는 사실도 이해해요. 하지만 여자아이가 어때서요? 모험을 즐기고 악당들을 무찌르는 여자아이가 무슨 문제가 되죠? 표지색이 보라색이면 안 되나요? 핑크색은 말도 안 된다고요? 제 책은 표지 색깔이 아주 다양해요. 파랑, 초록, 노랑도 있고 핑크색이나 보라색뿐 아니라 칠흑처럼 새까만 색도 있어요. 우리 사회는 변화의 긴 여정을 걸어왔지만, 여전히 검열을 일삼는 사람들이 성 역할을 고착화하면서 남학생의 독서 폭을 제한하고 있다고 생각하면 정말 실망스러워요.

저는 강인한 소녀(그리고 소년)들 이야기를 씁니다. 모험도 하고 미스터리도 풀고, 유쾌하면서 영리하고 괴짜 같은 면도 있죠. 여러 나라를 여행하며 새로운 걸 배워 가고 즐거움도 만끽하지요. 하지만 아직도 작가와의 만남을 들으러 오는 아이들은 95퍼센트 이상이 여학생이에요. 몇 안 되는 남학생 독자들을 만나 보면 다들 열광합니다. 저는 남학생들에게 『앨리스-미란다』나 『클레멘타인 로즈』 시리즈를 왜 좋아하냐고 곧잘 물어보는데요, 이런 대답이 돌아온답니다. "앨리스-미란다 좋아하지 않고요, 사랑합니다." "제 절친 같아요." "용감하고 재밌잖아요. 멋진 모험도 즐기고요." "클레멘타인이 늘 말썽을 일으켜서요. 반려 돼지도 있고요." "미스터리 부분이 너무 좋아요."

가장 기분 좋았던 일은 몇 년 전에 작가 페스티벌에서 있었던 일이에요. 이름을 거론하진 않겠지만 아동문학계에서 굉장히 유명한 남자 작가 세 분과 제 이름이 나란히 프로그램에 올라가 있었어요. 사인회 막바지에 6학년 남학생 세 명이 제 책을 들고 다가오더군요. 옆에서 있던 사서분이 아이들에게 말했어요. "재클린 작가님께 왜 그 책을 사서 읽었는지 말씀드리렴." 귀가 쫑긋 서더군요. "여기 오기 전에 작가별로 책을 다 읽었는데 재클린 작가님 책이 최고였어요." 제 기분도 최고였어요! 그 남학생들에게 학교에 가면 친구들에게 『앨리스-미란다』 얘기 좀 많이 해 달라고 부탁했어요. 진짜 그랬는지는 모르겠지만, 표지에 여자아이가 그려진 책을 집어 든 용기와 재밌었다고 인정한 용기에 박수갈채를 보내고 싶었죠.

아쉽게도 이런 경험은 굉장히 드물지만 그렇다고 남자아이들이 제 책을 재미없어한다고는 생각하지 않아요. 지금은 표지에 여자아이와 남자아이가 같이 나오는 책을 쓰고 있답니다. 쌍둥이 켄지와 맥스가 가족의 비밀을 캐내는 이야기죠. 표지에 남자가 있으니 남자아이들도 이 책을 읽을까요? 부디 그러길, 그리고 제 다른 작품들도 찾아 읽어 주길요. 제 책이 여자아이들만을 위한 책이 아니라는 걸 확실히 알아 주길요!

10대에 들어선 아이들도 계속 읽게 하려면

고학년이 되면 아이들의 하루는 굉장히 바빠집니다. 오락성 독서의 비율은 현저히 떨어지고 책을 좋아하던 아이조차 문학에서 멀어지곤 하죠.

책 고르기도 까다로워지는 시기입니다. 왜 도서관에 '어른용 책'이 없냐고 불만스러워하는 아이가 있는가 하면 여전히 강아지와 요정 얘기를 재미나게 읽는 아이도 있거든요. 읽기 수준이 천차만별이기 때문에 다양한 읽기 연령과 단계를 고려해 다채로운 책을 구비해 두어야 합니다. 언제나처럼 핵심 비결은 아이 하나하나 그리고 부모님과 대화를 나누는 것이고요.

아이가 10대를 위한 이야기로 넘어가고 싶어 하는 눈치인가요? 그 과정이 자연스럽게 흘러가려면 부모님도 함께 읽는 것이 가장 좋습니다. 부모님도 아이만큼 재미있게 읽을 거라고 장담합니다. 유년기에서 벗어나 10대에 들어선 아이들은 세상이 무척 넓다는 것, 때로는 무섭기도 하다는 걸 알아 갑니다. 이 아이들을 위한 책은 주로 우정, 가족, 사회 문제, 지역 및 지구촌 문제를 주제로 삼고, 복잡한 상황에 직면한 중심인물들이 문제를 해결해 나가죠. 아이들은 보통 자기 또래나 조금 많은 주인공이 나오는 책을 읽고 싶어 합니다. 그들의 경험과 실수와 성공담에서 자신과 비슷한 문제를 어떻게 해결하는지 볼 수 있으니까요. 이 시기 아이들은 독립과 모험을 원하지만, 삶에서도 책에서도 안도감을 필요로 합니다. 책으로 얻는 간접 경험을 통해 아이들은 다른 사람 입장에서 생각하고 동행할 기회를 얻고 공감 능력과 이해심도 깊어집니다.

몇 년 전, 도서관에서 얼핏 들었던 대화가 여전히 머릿속을 맴돌고 있어요. 열한 살 아이 둘이서 나눈 대화였는데요. 한 아이가 앤 브룩스뱅크의 아름다운 소설 『어머니의 날』Mother's day을 추천하면서 이렇게 말하더군요. "너 이 책 읽어 보면 좋을 것 같아. 이혼 가정이 나오는데 주인공이 엄마가 겪는 일을 해결해 주려고 노력해. 매기네 가족도 비슷한 일을 겪고 있잖아. 책을 읽으면서 나도 매기가 된 기분이었어." 저는 가만히 자리를 떴어요. 아이들이 책을 이해하는 수준에 놀라 눈물이 차올랐거든요. 또 아이들이 특별한 순간을 나누고 있는데

제가 괜히 끼어들어 망치면 안 될 것 같았습니다.

13장 「삶의 어두운 면 읽기」에서 좀 더 생각할 거리를 던지겠지만, 10대에 진입한 아이들이 문학에서 찾는 주제에는 뚜렷한 변화가 나타납니다. 인생의 어둡고 무거운 면을 알아차린 아이들은 문학 작품을 읽으며 까다로운 문제를 둘러싼 도덕적·윤리적 주제를 탐구하기 시작합니다. 어른들과 대화를 꺼리게 되는 이 시기에 문학은 대화의 물꼬를 터 주는 역할도 하죠. 제 가족이 세상을 떠났을 때도 열 살이던 제 아이와 책을 매개로 슬픔과 상실에 관한 대화를 나누었습니다. 아이에게 사랑하는 사람을 잃은 주인공이 나오는 책을 건네면서 등장인물에 대한 이야기를 자연스럽게 나눌 수 있었어요. 아직 아이 스스로의 감정을 직면하고 싶지도 않고 그럴 수도 없었을 때였으니까요. 10대 초반 아이들이 읽을 책을 고를 때는 삶의 밝고 어두운 부분을 골고루 고려해야 합니다. 어두운 주제에 너무 겁먹을 필요는 없습니다. 이 시기 아이들을 위한 수준 높은 문학 작품은 진지한 감정을 섬세하게 다룬답니다. 깊은 우정을 다루면서 연애 감정은 빼고, 폭력적인 면도 거의 없어요. 우울감에는 희망이 깃들어 있고, 슬픔에도 웃음이 있는 가벼운 순간이 곁들여지고요. 어린이 그래픽 노블 작가 알리슨 테이트는 이렇게 말했어요. "독자에게 트라우마를 줘서는 안 됩니다. 감정을 깨우고 생각을 하게끔 하는 건 좋아요. 하지만 언제나 명심하세요. 여러분의 독자는 어린이라는 사실을요."

여러분의 아이들이 책 읽기 여정 중에 갈피를 잃고 헤매고 있나요? 그렇다면 다음 방법을 권해 드립니다.

♬ 독서 챌린지 프로그램에 참여시켜 보세요. 읽어야 한다는 약간의 압박감, 수료증이나 상장의 유혹은 꽤 효과가 있습니다.

♬ 아이가 과제를 잘 해냈을 때나 학년말, 학기말 선물로 새 책을 선물해 보세요.

♬ 아이들과 같이 읽으세요. 10대 초반을 위한 문학 작품은 어른에게도 멋진 이야기입니다.(얼마나 많은 어른이 해리 포터를 읽었던가요?) 여러분이 아이들이 읽는 책을 가치 있게 생각한다는 걸 보여 줄 기회이기도 합니다. 또 아이들이 좋아하는 책 얘기를 꺼낼 때 주저 없이 대화에 참여할 수 있답니다.

♬ 아이들에게 책을 읽어 주세요. 멋진 소설 한두 챕터를

읽어 주면 흥미를 느낀 아이들이 직접 책을 집어 들 확률이 높습니다.

♬ 관련 블로그나 작가 SNS, 인기 있는 10대 잡지를 검색하면서 아이들이 읽을 책을 직접 고르게 해 주세요. 독립성이 중요한 나이죠. 하지만 부모님과 선생님이 아이들의 자율성을 이끌어 주셔야 할 때도 있습니다.

♬ 책 출간기념회, 지역 도서관 행사, 어린이책 페스티벌에 가 보세요. 멋진 작품을 쓰는 작가를 직접 만나는 것은 독서에 불을 지피는 최고의 불쏘시개랍니다.

♬ 독서 동아리에 가입하세요! 학교에서 운영하는 독서 동아리는 아이들이 가장 좋아하는 연계 활동이기도 합니다. 가족들과 함께 활동하는 동아리도 있는데 부모님들 반응이 뜨겁답니다. 아이들과 소통하기 버거운 참에 너무 좋은 시간이라면서요.

이렇게 아이들을 좋아하는 책과 이어 주면 다시 한 번 독서를 날개 삼아 훨훨 날 수 있게 될 거예요. 제가 무척 아끼는 10대 소년 독자 조 비서의 독서 여정 이야기를 들어 보시죠.

저는 책을 폭넓게 읽어 왔어요. 여학생을 위한 책, 남학생을 위한 책, 저보다 높은 연령대를 위한 책까지요. 이 책들을 읽으면서 어린 제가 세상을 이해하는 폭이 넓어졌다고 생각해요.

대여섯 살쯤 엄마랑 같이 해리 포터를 처음 읽었는데 그때부터 책 사랑에 불이 붙었죠. 책 추천을 가장 많이 해 주는 사람은 엄마고요, 요즘은 팟캐스트도 듣고 친구들 조언도 듣고 영어 선생님께도 추천받아 가면서 책을 골라요.

특히 남자애들은 중학생쯤 되면 책을 전혀 읽지 않거나 독서량이 많이 줄어요. 이유가 있는데요, 학교에서 책을 읽고 분석하기 시작하거든요. 재미로 읽을 시간이 부족해요.

다른 이유도 있어요. 좀 더 '어른스러운' 책을 읽고 싶은데 부모님이 허락해 주지 않을 때가 있거든요. 이건 좀 아닌 것 같아요. 물론 우리에게 알맞지 않은 책도 있으니 읽고 싶어 한다고 모든 책을 허용할 수 없다는 건 알겠는데요, 부모님이 먼저 읽어 보면서 부적절한 부분이 있는지 판단해 주시면 좋겠어요.

열세 살부터는 어른용 책을 읽기 시작했어요. 스티븐

킹도 읽고 앤서니 도어의 『우리가 볼 수 없는 모든 빛』
도 읽었어요. 엄마가 먼저 읽어 보고 저한테 알맞은 내
용인지 확인하고 읽게 해 주셨죠. 조지 R.R.마틴의 『왕
좌의 게임』 같은 책은 아직 안 된대요.

'여학생용' 책이나 여자 주인공이 나오는 책도 읽어요.
대상 독자가 누구든 좋은 책은 누구에게나 좋은 책이
잖아요.

청소년 문학으로 넘어가기

청소년 문학은 13세 이상을 겨냥한 책입니다. 그러면서 장르도 방대하죠. 16세 이상을 대상으로 하는 작품도 있으니 아이의 연령에 알맞은 내용인지 세심히 살펴 주세요.

청소년 문학은 늘 인기 있는 분야였고, 최근 청소년이 강력한 소비 집단이자 콘텐츠 생산자가 되면서 존재감이 더 뚜렷해졌죠. 청소년 문학은 유행에도 상당히 민감합니다.

청소년 문학의 주제와 스타일은 대단히 다채롭습니다. 여러 독자층에게 폭넓은 공감을 얻을 수 있어서 청소년뿐 아니라 성인에게도 인기가 높지요. 너무 두껍고 진지한 어른용 책보다 청소년 문학을 선호하는 어른 독자도 많답니다. 성인용 소설의 감정과 긴장은 그대로 가져가되 좀 더 간결하게 핵심에 다가가거든요. 훌륭한 청소년 문학에는 이야기의 펄떡이는 심장만 남아 있다고 할까요. 틀을 깨고 장르를 뒤섞어 버리는 새로운 시도도 많고, 노숙자 문제·난민의 고통·자아정체성·동성애 등 다루는 주제도 보다 묵직해집니다.

영화계에서도 청소년 문학이 지닌 잠재력을 알아차렸습니다. 수잰 콜린스의 『헝거 게임』시리즈 등은 영화로도 제작되어 큰 인기를 끌었죠. 소설이 영화로 만들어지면 책을 좋아하지 않는 청소년도 기꺼이 읽게 되는 경우가 많습니다. 사서 역시 영화＋원작 패키지를 충분히 활용하지요. 영화 때문에 아이들이 책을 안 읽으려고 할 것 같지만 의외로 서로 도움 되는 면이 많아요. 저는 청소년 문학을 영화로 만드는 요즘 트렌드를 열렬히 지지하는 사람이라 지난 10년간 책이 영화화된 작품을 모두 챙겨 봤지요. '책이 영화로' 코너를 만드는 열정적인 사서도 있답니다.

청소년이 읽기 좋은 영화/드라마 원작 소설

○　『꾸뻬 씨의 행복 여행』프랑수아 를로르, 이지연 그림, 오유란 옮김, 오래된미래, 2004

○　『죽은 시인의 사회』N.H 클라인바움, 한은주 옮김, 서교출판사, 2004

- ○ 『나니아 연대기』 C.S.루이스, 햇살과나무꾼 옮김, 시공주니어, 2005

- ○ 『줄무늬 파자마를 입은 소년』 존 보인, 정회성 옮김, 비룡소, 2007

- ○ 『내 심장을 쏴라』 정유정, 은행나무, 2009

- ○ 『우아한 거짓말』 김려령, 창비, 2009

- ○ 『월플라워』 스티븐 크보스키, 권혁 옮김, 돋을새김, 2012

- ○ 『보건교사 안은영』 정세랑, 민음사, 2015

- ○ 『플립』 웬들린 밴 드라닌, 김율희 옮김, 에프, 2017

- ○ 『원더』 R.J.팔라시오, 천미나 옮김, 책콩, 2017

- ○ 『파이 이야기』 얀 마텔, 공경희 옮김, 작가정신, 2020

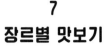

7
장르별 맛보기

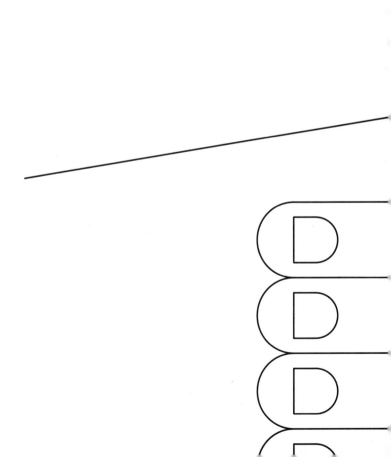

균형 잡힌 읽기 상차림

아이가 책을 사랑하게 하려면 스스로 책을 고를 선택권을 주어야 합니다. 저는 아이들이 '읽고 싶은 책을, 원하는 때에' 읽게 해 주자고 줄곧 주장해 왔어요. 제가 '마이너 장르'라 일컫는 흡혈귀 이야기, 칙릿, 화장실 유머, 로맨스물 등등 뭐든지요. 살짝 고백하는데요, 부모가 되고 나니 아이가 뭘 읽는지 무척 걱정이 되긴 하더군요.

첫째 아이는 화장실 유머로 가득 찬 짤막한 책만 읽는 시기를 보냈습니다. 6개월쯤 다른 책은 쳐다도 안 보고 그 장르만 줄창 읽었어요. 서점이나 도서관 입구에서부터 그런 책들만 찾았어요. 좌절감이 안 들었다면 거짓말이겠죠. 창피한 마음에 서점 계산대에 아이가 쌓아 놓은 방귀 책 더미 위에 '수준 있는' 책을 슬쩍 올려놓기도 했어요. 시간이 흐르자 아이는 그 책을 집어서 읽었답니다. 방귀 책 시기가 지나갔다는 사실이 얼마나 감사하게 느껴지던지요. 딸아이는 지금도 똥 이야기를 좋아하지만 그 시기는 결국 끝났죠.

오락적 독서가 의미하는 건, 부모와 교사로서 '아이가 이런 책을 읽어야 한다'는 생각은 접어 두어야 한다는 뜻입니다. 아이들은 부모와 교사가 습득하기를 바라는 문학적 장치나 분석해야 하는 주제에 신경 쓸 필요가 없을 때, 그러니까 책에서 무언가를 꼭 배워야 한다는 압박이 없을 때 책을 한껏 즐깁니다.

여러분의 자녀나 학생의 '자유롭게 골라 읽기'에 대해 더 알아보고 싶다면 다음 질문을 해 보세요. 다만 이 질문으로 아이의 독서 생활 전부를 파악할 수는 없다는 점을 명심해 주세요.

♬   요즘 어떤 책이 가장 좋았어?

♬   왜 책을 읽어야 한다고 생각해?

♬   마음대로 고를 수 있다면 어떤 종류를 골라 읽을래?

♬   미친 듯이 책을 읽어 댄 적이 있어?

♬   책을 거의 안 읽은 적은 언제야?

♬   어렸을 때는 어떤 책을 좋아했니?

♬   특정 시리즈에만 집착한 적 있어? 그 시리즈의 어떤 점이 그렇게 좋았어?

♫ 읽을 책을 어떻게 고르니?

♫ 친구들과 책 얘기를 나눌 때 주로 무슨 얘기를 해?

♫ 좋아하는 책을 읽고 또 읽는 편이야?

'자유롭게 골라 읽기'는 '폭넓게 읽기'로 통합니다. 저는 가리지 않고 다양한 장르를 읽는 일을 균형 잡힌 상차림에 비유하곤 해요. 아이들에게 이렇게 물어보지요. 평생 파인애플만 먹고 살면 어떻게 될 것 같냐고요. 아무리 파인애플을 좋아한다고 해도 그것만 먹으면 건강하게 살 수 없을 거예요. 독서도 마찬가지입니다. 모험 소설만 주구장창 읽으면 재미있을 것 같지만 우리 뇌는 끝내 다른 무언가를 절실히 찾게 되죠. 우리 몸처럼, 우리 뇌도 성장하려면 다양한 것이 필요해요.

다양한 분야를 골고루 즐기게끔 이끌어 주면 아이들이 느끼는 읽기의 즐거움도 어마어마하게 커집니다. 여러분의 독서 취향은 어떤가요? 가끔은 어둡고 강렬한 범죄 소설에 끌리고 때로는 가볍고 말랑말랑한 로맨스물이 읽고 싶죠. 존재하는지도 몰랐던 장르를 읽으면 책 읽기의 범위가 한층 확장됩니다. 독서의 모험이 시작되는 셈이죠.

유머

언젠가 카페에 앉아 있는데 아이 키우는 엄마들이 하는 대화가 들려왔어요. 아이들이 고르는 책이 마음에 안 든다고 하소연하고 있었죠. "그 이상한 나무집 이야기 한 번만 더 들으면 나 진짜……" 끝까지 말 안 해도 아시겠죠. 저는 에스프레소를 입에 머금고 책에서 눈을 떼지 않았지만 이렇게 말하고픈 마음이 굴뚝같았어요. "아이가 책을 좋아하는군요! 나무집 작가님들 덕에 아이들이 얼마나 즐거운 경험을 하는지. 끝내주는 책이에요. 덕분에 나중에 훌륭한 독자가 될 거예요."

어른들은 유머 있는 책은 '교양 있는' 책보다 가치가 없다고 일축하곤 하지요. 사실 저도 뜨끔합니다. 어린이에게, 특히 책을 꺼리는 아이에게는 자기가 좋아하는 책을 읽게 하는 게 책을 좋아하게 만드는 최상의 방법입니다. 앤디 그리피스, 데이비드 월리엄스, 테리 덴톤, 미란다 하트, 로알드 달, 마이클 제라드 바우어, R.A.스프랫, 매트 스탠튼 같은 작가들은 위트와 유머 감각을 한껏 발휘하며 웃음으로 어린이 독자를 치유하고 일깨우고 책을 아끼는 마음을 불어넣어 주죠.

유머 책을 권하는 이유

♫ 유머는 아이들(특히 책을 꺼리는 아이들)을 사로잡습니다. 아이들은 원래 놀이를 좋아하고 어른보다 훨씬 웃음이 많으니까요.

♫ 아이들은 유머 문학을 통해 친구들과 소통하고 우정을 키워 갑니다. 아이들은 친구와 함께 웃는 순간을 좋아하니까요.

♫ 유머 책은 현실을 반영합니다. 슬픔과 즐거움, 기쁨과 고통, 일이 술술 풀릴 때와 꼬일 때가 뒤섞여 있는 게 현실이잖아요.

♫ 유머 책은 결코 '쉬운 책'이 아닙니다. 아이들을 비판적 독서로 이끌어 줍니다. 유머 책을 읽다 보면 행간에 숨은 뜻과 미묘한 냉소를 알아차리게 되죠.

유머 추천도서

- 『멋지다 썩은 떡』 송언 글, 윤정주 그림, 문학동네, 2007

- 『줄어드는 아이 트리혼』 플로렌스 패리 하이드 글, 에드워드 고리 그림, 이주희 옮김, 논장, 2007

- 『라모나는 아무도 못 말려』 비벌리 클리어리 글, 트레이시 도클레이 그림, 김난령 옮김, 열린어린이, 2009

- 『나도 편식할 거야』 유은실 글, 설은영 그림, 사계절, 2011

- 『미란다처럼』 미란다 하트, 김민희 옮김, 책덕, 2015

- 『우리 반 욕 킬러』 임지형 글, 박정섭 그림, 아이세움, 2016

- 『도그맨』 대브 필키, 심연희 옮김, 보물창고, 2017

- 『이상한 아이 옆에 또 이상한 아이』 송미경 글, 조미자 그림, 위즈덤하우스, 2018

- 『욕 좀 하는 이유나』 류재향 글, 이덕화 그림, 위즈덤하우스, 2019

- 『강남 사장님』 이지음 글, 국민지 그림, 비룡소, 2020

- 『금니 아니고 똥니?』 안수민 글, 김영수 그림, 위즈덤하우스, 2020

미스터리

어릴 때는 미스터리에 전혀 관심이 없었어요. 20대 중반에 어머니 덕분에 애거사 크리스티와 돈나 레온을 읽고 열렬한 미스터리 독자가 됐죠. 다음에 무슨 일이 일어날지 추측하고 퍼즐을 완성해 나가며 묘한 중독성을 느꼈어요. 미스터리는 따분하고 평범한 일상에서는 일어날 리 없는 짜릿함을 선사합니다. 사건을 조사하고 증거를 수집·분석하며 미스터리를 풀어 나가는 주인공은 호기심과 모험심 충만한 독자들, 미래의 탐정을 꿈꾸는 독자들을 자극하죠.

미스터리 소설은 대개 흥미진진하고 속도감이 넘칩니다. 어린이 독자들은 미스터리를 읽으며 인과 관계를 따져 보고 논리적으로 추론하는 습관이 들고, 중요한 정보와 사실을 수집하는 방법도 알게 됩니다.

『소녀 탐정 프라이데이』Friday Barnes, 『내니 피긴스』Nanny Piggins, 『성가신 아이들』Pesky Kids 시리즈를 쓴 어린이 미스터리 작가 R.A.스프랫은 어떻게 이야기를 만들어 갈까요?

사실 제가 어떤 식으로 음모를 지어내고 긴장감을 조성하는지는 저도 몰라요. 지난 20년도 모른 채 글을 썼고 지금도 마찬가지예요. 저는 이야기를 만드는 건 마법 같은 일이라고 생각해요. 마법을 설명할 수는 없는 일이잖아요.

언젠가 라디오에서 유명 작가분의 인터뷰를 들었어요. 그분은 찰스 디킨스를 읽으면서 스토리텔링의 비결을 깨달았다더군요. 비결은 바로 하고 싶은 이야기가 뭔지 알아낸 다음 아주 천천히 풀어 나가는 거였대요.(훨씬 멋진 말이었는데 수십 년 전 일이라 정확히 기억나지 않네요.)

저는 스토리텔링이란 누군가 길을 따라오도록 빵 부스러기를 뿌리는 거라고 생각해요. 스토리텔링은 전적으로 선형으로 진행되는데요, 동그라미를 그리기도 하고 왔던 길로 되돌아갈 수도 있지만 아무튼 한 문장을 쓰고 그다음 문장을 쓰죠. 항상 앞으로 나아갑니다.(독자의 선택에 따라 다르게 진행되는 책만 빼고요.)

호기심을 자극하려면 길 어귀에 빵 덩어리를 통째로

놓아서는 안 돼요. 통째로 두면 새들이 와서 배 터지게 쪼아 먹고는 날아가 버려요. 새가 따라오도록 만들려면 조금씩조금씩 뿌려 놔야겠죠. 미스터리 작가는 전체 플롯을 머릿속에 넣어 둔 채 정보는 한 번에 하나씩만 풀어놓아야 해요. 이야기가 앞으로 나아가려면 문장 하나하나가 줄거리를 진행시키거나 캐릭터를 발전시키는 역할을 해야 돼요. 그런데 미스터리에서는 잘못된 정보를 슬쩍 흘릴 줄도 알아야 해요. 그러면 등장인물과 함께 독자들도 머리를 더 굴리게 되죠.

미스터리 추천도서

○ 『몬스터 콜스』 시본 도우드·패트릭 네스 글, 짐 케이 그림, 홍한별 옮김, 웅진주니어, 2012

○ 『스무고개 탐정과 마술사』 허교범 글, 고상미 그림, 비룡소, 2013

○ 『방과 후 초능력 클럽』 임지형 글, 조승연 그림, 아이세움, 2017

○ 『복제인간 윤봉구』 임은하 글, 정용환 그림, 비룡소, 2017

○ 『이웃집 구미호』 임어진·김태호·정명섭·윤혜숙·윤해연, 블랙홀, 2018

○ 『핑스』 이유리 글, 김미진 그림, 비룡소, 2018

- 『빨간 우산』 조영서 글, 조원희 그림, 별숲, 2019
- 『귀문 고등학교 미스터리 사건 일지』
  김동식·조영주·정명섭·정해연·전건우, 블랙홀, 2020
- 『리스크 : 사라진 소녀들』 플러 페리스, 김지선 옮김, 블랙홀,
  2020
- 『비누 인간』 방미진 글, 조원희 그림, 위즈덤하우스, 2020
- 『0812 괴담 클럽』 김기정·김정미·박효미·방미진·유승희 글,
  전명진 그림, 웅진주니어, 2020
- 『미카엘라』 시리즈 박에스더 글, 이경희 그림, 고릴라박스
- 『비블리아 고서당 사건수첩』 시리즈 미카미 엔, 최고은 옮김,
  디앤씨미디어

역사 픽션

훌륭한 역사 소설은 실제 있었던 역사적 사건을 생생하게 소환해 독자를 과거의 모험 속으로 끌어들입니다. 저는 학교 수업 시간보다 재키 프렌치의 역사 소설에서 역사를 훨씬 많이 배웠어요. 과거를 알면 지금의 세계 동향을 잘 이해할 수 있고, 되풀이되어서는 안 될 실수를 통해 미래에 대비하는 법도 알게 되죠. 역사 픽션을 읽으면 과거에 자행된 잔혹 행위와 사람들의 고통을 더욱 생생히 체감하게 됩니다.

역사 픽션은 고대에서 근현대까지 광범위한 시공간을 다루기 때문에 어린이 독자들이 제대로 이해하려면 배경 지식과 어른의 도움이 필요하기도 합니다. 포기하기 전에 몇 챕터만 끈기 있게 읽어 보라고 격려해 주세요. 역사 픽션은 다른 장르보다 흐름을 타는 데 좀 더 시간이 걸릴 수도 있어요. 하지만 애쓴 만큼 결실이 있을 거예요. 역사의 틈새로 빨려들어 매혹적인 이야기에 흠뻑 취한 아이들을 보면 뿌듯하실 겁니다.

역사 픽션 추천도서

- 『초정리 편지』 배유안 글, 홍선주 그림, 창비, 2006

- 『책과 노니는 집』 이영서 글, 김동성 그림, 문학동네, 2009

- 『검은 바다』 문영숙 글, 김세현 그림, 문학동네, 2010

- 『멋지기 때문에 놀러 왔지』 설흔, 창비, 2011

- 『서찰을 전하는 아이』 한윤섭 글, 백대승 그림, 푸른숲주니어, 2011

- 『나는 비단길로 간다』 이현 글, 백대승 그림, 푸른숲주니어, 2012

- 『의화단』 진 루엔 양, 윤성훈, 비아북, 2014

- 『그 여름의 덤더디』 이향안 글, 김동성 그림, 시공주니어, 2016

- 『나무 도장』 권윤덕, 평화를품은책, 2016

- 『소녀, 히틀러에게 이름을 빼앗기다』 마샤 포르추크 스크리푸치, 백현주 옮김, 천개의바람, 2016

- 『설원의 독수리』 마이클 모퍼고 글, 마이클 포맨 그림, 보탬 옮김, 내인생의책, 2018

- 『그해 유월은』 신현수, 최정인 그림, 스푼북, 2019

- 『담을 넘은 아이』 김정민 글, 이영환 그림, 비룡소, 2019

- 『목호의 난, 1374 제주』 정용연, 딸기책방, 2019

- 『백년아이』 김지연, 다림, 2019

- 『클라라의 전쟁』 캐시 케이서 글, 황인호 그림, 김시경 옮김, 스푼북, 2019

- 『훈민정음 해례본을 찾아라!』 정명섭 글, 이영림 그림, 한솔수북, 2019

- 『강을 건너는 아이』 심진규 글, 장선환 그림, 천개의바람, 2020

- 『시베리아의 딸, 김알렉산드라』 김금숙 글, 정철훈 원작, 서해문집, 2020

- 『알로하, 나의 엄마들』 이금이, 창비, 2020

- 『정애와 금옥이』 김정숙 글, 김병하 그림, 별숲, 2020

사실주의 픽션

사실주의 픽션은 현실 사회를 배경으로 하는 실제로 있음직한 이야기입니다. 그럴듯한 갈등 구조를 다루고 어딘가에 살고 있을 듯한 캐릭터가 등장하죠. 사실주의 픽션에 더욱 '현실'감을 부여하는 것은 바로 주제입니다. 가족, 동료애, 성장, 모성애, 문화 차이 등 오늘날 인간으로서 직면해야 하는 현실을 다루지요.

이런 이야기에서 아이들이 배울 점은 굉장히 많습니다. 저마다의 신체적·사회적·감정적 변화를 들여다보게 되고 힘겨운 상황이 닥칠 때 책 속에서 롤 모델을 찾기도 합니다. 또 내가 겪는 문제와 욕구가 이상한 게 아니라는 것, 나 혼자만 이런 감정이나 처지에 빠진 게 아니라는 위안을 얻습니다.

사실주의 픽션은 다른 사람의 '실제' 삶을 간접 체험하는 통로가 되어 주기도 합니다. 지구 반대편에 있는 다른 아이들의 삶을 보면서 세상의 모습은 똑같지 않으며 다양한 가치관과 관습을 지닌 여러 문화가 있다는 걸 깨닫습니다. 세상에 존재하는 다양한 관점을 받아들이고, 동시에 우리 모두가 지닌 공통점도 깨달으며 균형감을 키워 가요.

벨린다 머렐은 판타지에서 역사 픽션, 사실주의 픽션까지 넘나들며 어린이·청소년문학상을 여러 차례 수상한 작가입니다. 벨린다가 추구하는 사실주의 픽션 이야기를 들어 볼게요.

저는 책에 미친 집안에서 자랐어요. 산더미 같은 책을 걸신들린 듯이 읽었고 나만의 이야기도 열심히 지어냈죠. 세 아이의 엄마가 되자 제 아이들을 위해 이야기를 쓰기 시작했는데 아이들이 즐겨 읽는 책에서 영감을 많이 받았어요.

최근에 쓴 『피파의 섬』Pippa's Island 시리즈는 현실에서 만날 수 있는 유쾌하고 사랑스러운 소녀들 이야기입니다. 학교를 주 무대로 친구 관계와 공동체 의식, 용기 내는 법, 옳다고 믿는 편에 서는 법, 변화를 두려워하지 않는 법 등을 다룬 작품인데요, 무엇보다도 어린이 독자들의 롤 모델이 되어 줄 다채로운 캐릭터를 그려 내는 데 중점을 뒀어요. 인물들의 감정선은 매우 현실

적입니다. 교만할 때도 있고 질투를 느낄 때도 있으며, 발끈하기도 하고 불안해하기도 합니다. 친절하고 용감하고 타인을 배려하는 모습도 보여 주고요. 저마다 구체적인 장래희망도 있고, 책 속 어른들도 다양한 일을 합니다.

실생활을 다루는 이야기는 거울과도 같습니다. 친구나 가족 간의 문제, 학교나 운동 경기에서 생기는 경쟁심 등을 비추며 인간관계와 감정을 풀어 가는 법을 알려 주지요. 타인의 삶을 보여 주는 창문 역할도 합니다. 아이들은 다른 사람 입장에 서 보면서 상대방이 어떻게 생각하고 느끼는지 이해하게 되지요. 그렇기에 저는 여러 사회문화적 배경에 처한 다양하고 불완전한 가족의 이야기를 반드시 묘사하려고 합니다.

사실주의 픽션을 읽으며 아이들은 이 세상은 끊임없이 오르락내리락하는 롤러코스터처럼 결코 만만치 않은 곳이라는 걸 알아 갑니다. 가는 길은 험난하다 해도 끝내는 기쁨과 희망을 만난다는 것, 이것이 제가 모든 작품에 담아내는 주제입니다.

사실주의 픽션 추천도서

- 『불량한 자전거 여행』 김남중 글, 허태준 그림, 창비, 2009

- 『인디언을 보았다』 닐스 몰, 김영진 옮김, 창비, 2014

- 『휴대폰의 눈물』 엘리자베스 스튜어트, 김선영 옮김, 라임, 2014

- 『모두 깜언』 김중미, 창비, 2015

- 『7일간의 리셋』 실비아 맥니콜, 김인경 옮김, 블랙홀, 2016

- 『게임 전쟁』 뤽 블랑빌랭, 이세진 옮김, 라임, 2018

- 『외톨이들』 누카가 미오, 서은혜 옮김, 창비, 2018

- 『학교에 오지 않는 아이』 세이노 아쓰코, 김윤수 옮김, 라임, 2018

- 『2미터 그리고 48시간』 유은실, 낮은산, 2018

- 『아쉬람에 사는 아이』 임지형 글, 이명애 그림,
  고래가숨쉬는도서관, 2019

- 『체리새우 : 비밀글입니다』 황영미, 문학동네, 2019

- 『나는 안티카페 운영자』 정연철, 주니어김영사, 2020

- 『설아가 달라진 이유』 최은영 글, 김다정 그림, 별숲, 2020

- 『아무것도 안 하는 녀석들』 김려령 글, 최민호 그림,
  문학과지성사, 2020

- 『오, 사랑』 조우리, 사계절, 2020

- 『편의점』 이영아 글, 이소영 그림, 고래뱃속, 2020

- 『5번 레인』 은소홀 글, 노인경 그림, 문학동네, 2020

판타지

해리 포터가 어린이 출판계, 특히 판타지 장르에 미친 강력하고 긍정적인 영향은 더 강조할 수도 없을 지경입니다. 해리 포터가 엄청난 인기를 끌면서 다른 작가들도 마음 놓고 자신이 창조한 마법의 길을 따라갈 수 있게 되었죠. 어린이 판타지는 주로 어질고 지혜로운 멘토와 여러 친구들의 도움으로 악에 맞서 싸우는 어린 영웅이 주인공입니다. 평범한 일상 속에 마법적인 요소가 스며드는 이야기도 있고, 환상계 속으로 등장인물을 (그리고 독자들까지) 끌어들이는 이야기도 있습니다.

지루한 일상에서 탈출하고픈 어른들처럼 아이들도 현실을 벗어 던지고픈 감정을 느낍니다. 이럴 때 판타지는 탈출구가 되어 줍니다. 마녀와 친구가 되고, 사악한 로봇 개를 물리치고, 순진무구한 유니콘을 지켜 주는 상상을 해 보세요. 판타지를 읽으면서 그 세계를 상상하면 창의성에 활활 불이 붙지요. 우리 사회의 복잡한 정치·사회경제 시스템을 거울처럼 반영하는 책을 보면 비판적 사고력도 강해집니다. 판타지 문학을 통해 어린이 독자들은 차츰 권력과 지배 구조라는 것을 알게 되고 다른 정치사회 문제까지 탐구하게 됩니다. 판타지는 현실에서 벗어나는 즐거운 도피처에 머물지 않습니다. 판타지를 통해 현실 세계를 좀 더 정교하게 이해하게 되지요. 나아가 성숙한 시민 의식까지 갖춘다면 더할 나위 없겠군요.

판타지 추천도서

○　『끝없는 이야기』 미하엘 엔데, 허수경 옮김, 비룡소, 2003

○　『지문사냥꾼』 이적, 웅진지식하우스, 2005

○　『시간을 파는 상점』 김선영, 자음과모음, 2012

○　『지하세계 아이들』 프랑수아즈 제, 최정수 옮김, 자음과모음, 2012

○　『거꾸로 세계』 안성훈 글, 허구 그림, 웅진주니어, 2013

○　『신더』 마리사 마이어, 김지현 옮김, 북로드, 2013

○　『도깨비폰을 개통하시겠습니까?』 박하익 글, 손지희 그림, 창비, 2018

○　『바꿔!』 박상기 글, 오영은 그림, 비룡소, 2018

○　『세계를 건너 너에게 갈게』 이꽃님, 문학동네, 2018

○ 『완벽한 부모 찾기』 데이비드 바디엘, 노은정 옮김, 비룡소, 2019

○ 『잃어버린 책』 서지연 글, 제딧 그림, 웅진주니어, 2019

○ 『초콜릿 하트 드래곤』 스테파니 버지스, 김지현 옮김, 베리타스, 2019

○ 『최초의 책』 이민항, 자음과모음, 2019

○ 『4카드』 정유소영 글, 국민지 그림, 웅진주니어, 2019

○ 『이상한 과자 가게 전천당』 히로시마 레이코 글, 쟈쟈 그림,

　 김정화 옮김, 길벗스쿨

○ 『고양이 해결사 깜냥』 홍민정 글, 김재희 그림, 창비, 2020

○ 『달러구트 꿈 백화점』 이미예, 팩토리나인, 2020

○ 『독고솜에게 반하면』 허진희, 문학동네, 2020

○ 『숲과 별이 만날 때』 글렌디 벤더라, 한원희 옮김, 걷는나무, 2020

○ 『여우 피리』 우에하시 나호코, 매화책방지기 옮김, 매화책방, 2020

SF

전통적인 SF(과학 픽션)는 외계인과 다른 행성이 나오는 미래 우주 소설이 주를 이루었죠. 첨단 기술 발전상도 빠지지 않았고요. 이제 SF에는 다양한 서브 장르가 생겨났습니다. 수십 년간 작가들은 다양한 요소를 결합해 새롭고 독창적인 장르를 구축해 왔습니다. 19세기 증기기관 같은 과거 기술을 바탕으로 발전한 가상 세계를 그리는 스팀펑크 장르도 만들어 내고, 디스토피아 세계관을 바탕으로 독재 정권 아래에서 살아남은 포스트-아포칼립스 주인공도 창조해 냈죠. 이런 변화가 대세가 되면서 어린이 독자들은 SF에 더욱 열광하게 되었습니다.

　시공간 배경과 내용 속에 첨단 기술이 등장하는 이야기를 보통 SF라고 분류하지만 SF의 범위는 생각보다 훨씬 광범위합니다. 인공 지능 탐정이 등장해 범죄 스릴러가 되기도 하고, 적대적인 행성의 소년과 소녀가 사랑에 빠지면서 로미오와 줄리엣 같은 비극이 탄생하기도 합니다. 리얼리티 쇼 프로그램에서 여러 은하계의 스타들이 거칠게 싸우는 이야기는 명예욕을 통렬하게 풍자하지요. 어린이용 SF를 쓰는 작가들은 사려 깊은 시선으로 우정과 포용의 메시지를 전합니다. 익살스러운 외계인 이야기는 아이들에게 늘 인기가 높고, 오염된 대기 너머 우주에서 어떤 일이 벌어지고 있는지 궁금해하는 아이들도 언제나 존재할 겁니다.

SF 추천도서

- ○ 『싱커』 배미주, 창비, 2010
- ○ 『엄마 사용법』 김성진 글, 김중석 그림, 창비, 2012
- ○ 『제2우주』 선자은, 자음과모음, 2012
- ○ 『옆집의 영희 씨』 정소연, 창비, 2015
- ○ 『로봇 친구 앤디』 박현경 글, 김중석 그림, 별숲, 2016
- ○ 『하늘은 무섭지 않아』 고호관·이민진·임태운·우미옥·김명완 글, 조승연 그림, 사계절, 2016
- ○ 『2041 달기지 살인사건』 스튜어트 깁스, 이도영 옮김, 미래인, 2017
- ○ 『마지막 히치하이커』 문이소·남지원·은이결·민경하, 사계절, 2018

- 『담임 선생님은 AI』 이경화 글, 국민지 그림, 창비, 2018

- 『스페이스 보이』 닉 레이크, 이재경 옮김, 미래인, 2018

- 『레인보우 프로젝트』 질라 베델, 김선영 옮김, 라임, 2019

- 『미래세계 구출』 류츠신, 김지은 옮김, 자음과모음, 2019

- 『우주로 가는 계단』 전수경 글, 소윤경 그림, 창비, 2019

- 『지구를 벗어나는 13가지 방법』 유소정 글, 윤지 그림,
  고릴라박스, 2019

- 『초록 양』 다이애나 킴튼 글, 홍선주 그림, 이재원 옮김, 샘터사, 2019

- 『푸른 머리카락』 남유하·이필원·허진희·이덕래·최상아, 사계절,
  2019

- 『녹색 인간』 신양진 글, 국민지 그림, 별숲, 2020

- 『지니어스 게임』 레오폴도 가우트, 박우정 옮김, 미래인, 2020

디스토피아 픽션

정치 시스템이 어느 정도로 우리를 통제할 수 있는가, 이런 의문을 품은 작가들이 디스토피아 소설을 계속 창작해 왔습니다. 쥘 베른, H.G.웰스, 조너선 스위프트는 그들의 이데올로기로 당시의 독자들에게 화두를 던졌습니다. 조지 오웰, 올더스 헉슬리, 로이스 로리, 마거릿 애트우드 등도 그랬죠. 수잔 콜린스의 『헝거 게임』시리즈 덕분에 디스토피아 픽션은 어린이·청소년 문학에서도 선풍적인 인기를 끄는 장르가 되었죠.

디스토피아는 유토피아의 반대 개념입니다. 권력자의 지배 아래 개인의 자유 의지를 빼앗긴 사회죠. 그어느 때보다도 사회 분열이 극심한 지금, 우리는 디스토피아 픽션에 더욱 끌릴 수밖에 없죠. 아이도 마찬가지입니다. 불확실한 미래에서 고군분투하는 소설 속 주인공은 우리 시대, 우리 사회의 재앙은 무엇인지 질문을 던지는 또 다른 방법입니다. 우리가 바라는 세상은 어떤 모습인지 진지하게 생각하면서 아이들은 강한 연민의 감정을 느끼고 문제 해결력과 비판적 사고력을 키워 갑니다.

과거의 디스토피아 작품에도 현재의 사회상이 비칩니다. 조지 오웰 작품 속 빅 브라더의 음성은 지금 우리가 살아가는 사회에도 존재하는 듯하지요. 우리가 이런 여러 가지 문제점에 대해 아이들과 대화하지 않는다면 인류가 과거에 했던 실수들을 되풀이하게 될지도 모릅니다.

디스토피아의 서브 장르인 포스트-아포칼립스 소설은 붕괴한 사회를 보여 줍니다. 체계적이고 비밀스러운 독재 체제보다는 완전한 혼란 상태와 황폐하게 무너진 세상을 다루죠. 파괴의 원인은 자연 재해이기도 하고, 치명적인 바이러스나 한계에 부딪힌 컴퓨터 시스템의 오류이기도 합니다. 등장인물들은 살아남기 위해 잔혹하고 무시무시한 방법을 쓰기도 하고, 모두를 살리기 위해 공동체가 똘똘 뭉치기도 합니다. 포스트-아포칼립스 소설은 사회 비판보다는 액션을 강조한 모험성이 강한 편이라 어린이 독자들이 흥미진진하게 몰입할 수 있지요.

디스토피아 픽션 추천도서

- 『기억 전달자』 로이스 로리, 장은수 옮김, 비룡소, 2007

- 『몬스터 바이러스 도시』 최양선 글, 정지혜 그림, 문학동네, 2012

- 『실수할 자유』 로렌 밀러, 강효원 옮김, 라임, 2016

- 『해방자들』 김남중, 창비, 2016

- 『코딩하는 소녀』 타마라 아일랜드 스톤, 김선영 옮김, 라임, 2018

- 『드라이』 닐 셔스터먼·재러드 셔스터먼, 이민희 옮김, 창비, 2019

- 『페인트』 이희영, 창비, 2019

- 『남극의 아이 13호』 알바로 야리투, 김정하 옮김, 라임, 2020

- 『조작된 세계』 M.T.앤더슨, 이계순 옮김, 라임, 2020

신화, 전설, 전래동화

신화, 전설, 전래동화는 모두 '옛이야기' 범주에 속합니다. 호불호가 갈리는 장르이기도 하고, 여자아이들에게 주입될 수 있는 '백마 탄 왕자가 와서 구해 주면 좋겠어'라는 메시지에 어느 정도 검열이 필요한 것도 사실입니다. 그러나 저는 옛이야기가 현실에서 벗어나는 탈출구 역할도 하고, 현실에서의 위치와 인간으로서의 우리 자신을 성찰해 볼 틀을 제공한다고 생각해요.

프랑스계 호주 작가 소피 메이슨은 옛이야기를 바탕으로 50권이 넘는 책을 쓰고 많은 상을 받았지요. 소피는 "옛이야기는 읽는 힘을 기르고 아이디어와 상상력을 키우는 데 꼭 필요하다"고 강조합니다.

어릴 적 저는 그리스신화, 북유럽 신화, 켈트족 영웅과 중국의 비련의 연인 이야기, 아더 왕과 로빈 후드 전설, 샤를 페로·그림 형제·안데르센의 동화에 푹 빠져 있었답니다. 질리지도 않고 읽고 또 읽었죠.

신화, 전설, 전래동화는 인류의 위대한 자산입니다. 정답과 확실성이 아니라 질문과 가능성을 제시하죠. 비판적으로 보는 시각도 있지만, 이 이야기들은 제멋대로일지언정 권위적이지는 않아요. 작가가 얼마든지 창의적으로 해석할 수 있죠. 신데렐라를 예로 들어 볼게요. 저는 신데렐라를 왕자에게 구원받는 여성으로 보지 않아요.(사실 이 이야기에서 진짜 중요한 인물은 왕자가 아니라 여자들이죠. 선하든 악하든 여자들이 주연이에요.) 제 눈에 신데렐라는 방치되고 학대당하던 아이가 낯선 사람의 친절이라도 받아들여 끝내 다른 세상, 더 행복한 세상으로 탈출하는 이야기였어요. 제 소설 『달빛과 잿더미』Moonlight and ashes에 이런 해석을 담아냈답니다.

옛이야기를 어린이에게 소개하는 방법은 간단합니다. 삽화가 풍성한 그림책과 그래픽 노블에서 로저 랜슬린 그린이 쓴 신화와 전설 이야기까지, 옛이야기를 각색한 작품이 연령별·수준별로 다양하게 나와 있습니다. 우르슬라 두보사르스키, 존 헤퍼난, 앤서니 호로비츠 등 현대의 유명 작가들도 옛이야기 다시 쓰기에 몰두하고 있고요. 세계 각지에서 유래한 옛이야기는 모험과 마법, 환상적인 등장인물이 가득해 스토리텔링 활동을 하기에 아주 좋아요. 옛이야기에서 영감을 받은 판타지 소설(릭 라이어던의 『퍼시 잭슨』 시리즈, 게일 카슨 레빈의 『마법에 걸린 엘라』, 필립 풀먼의 『나는 시궁쥐였어요!』, 로이드 알렉산더의 『프리데인 연대기』 등) 독서까지 자연스레 이어질 수도 있죠. 청소년과 성인을 위한 훌륭한 작품도 수두룩하니 평생을 읽어도 식상하지 않을 거예요. 수천 년간 살아남은 옛이야기의 마법과 경이로움은 모든 어린이가 물려받을 유산이지요.

신화, 전설, 전래동화 추천도서

○ 『재주꾼 오 형제』 이미애 글, 이형진 그림, 시공주니어, 2006

○ 『팥죽 할멈과 호랑이』 박윤규 글, 백희나 그림, 시공주니어, 2006

○ 『도깨비감투』 정해왕 글, 이승현 그림, 시공주니어, 2008

○ 『신통방통 세 가지 말』 김경희, 웅진주니어, 2012

○ 『강림도령』 이용포 글, 배종숙 그림, 웅진주니어, 2013

○ 『박씨전 : 낭군 같은 남자들은 조금도 부럽지 않습니다』
　장재화 글, 임양 그림, 휴머니스트, 2013

○　　『살아 있는 한국 신화』 신동흔, 한겨레출판, 2014

○　　『서정오의 우리 옛이야기 백 가지』 서정오 글, 이우정 그림,
현암사, 2015

○　　『오시리스와 이시스』 오수연 글, 이승원 그림, 문학동네, 2016

○　　『한 권으로 읽는 어스본 클래식 : 그리스 로마 신화』
러셀 펀터 엮음, 마테오 핀첼리 그림, 어스본코리아, 2018

○　　『마법의 유니콘 협회 공식 입문서』 셀윈 E. 핍스 글, 자나와 해리
골드호크·헬렌 다르딕 그림, 김정용 옮김, 아트앤아트피플, 2019

○　　『어린이를 위한 북유럽 신화』 헤더 알렉산더 글, 메레디스 해밀턴
그림, 황소연 옮김, 봄나무, 2019

○　　『한국 환상 동물 도감』 이곤, 봄나무, 2019

○　　『레전드 오브 레전드 세계의 신과 영웅들』 댄 그린 글,
데이비드 리틀턴 그림, 고정아 옮김, 제제의숲, 2020

○　　『오누이 이야기』 이억배, 사계절, 2020

고전

고전이 지금도 어린이·청소년 독자에게 유의미한지에 대한 논쟁은 현재진행형입니다. 교육 과정이 계속 변화하고, 동시대 작가들의 수준 높고 통렬한 작품도 연이어 쏟아져 나오니까요. 책을 펼치자마자 바로 빨려들며 열광하는 이야기와 처음에는 좀 낯설지만 두고두고 만족감을 안겨 주는 이야기 사이에서 어떻게 균형을 잡을 것인가? 여전히 고민되는 문제입니다. 아이들이 셰익스피어나 제인 오스틴, 조지 오웰을 '이해'해 내는 순간은 정말 마법처럼 느껴지죠. '고전'은 굉장한 이야기입니다. 문학적 전통에 이정표를 세운 작품, 당대의 상황과 선입견에 맞서 변혁을 일으킨 작품이 고전이니까요. 문학사에 한 획을 긋고 후대 작가들에게도 어마어마한 영향을 끼쳤습니다. 따라서 고전에 대한 지식을 쌓고 이해도를 높이면 동시대 문학도 더 깊이 들여다볼 수 있습니다.

　중학생이 되면 윌리엄 골딩의 『파리 대왕』, 하퍼

리의 『앵무새 죽이기』, S.E.힌튼의 『아웃사이더』 같은 근대 고전을 읽을 상황이 한 번쯤은 생길 겁니다. 지금과는 문체도 다르고 생소한 단어도 많이 나오며, 지금의 '정치적 올바름'에서 어긋난 시각을 드러내는 경우도 많습니다. 평소에 아이들이 이런 책들을 읽어 왔다면, 나중에 학과 과정에서 읽어야 할 상황이 왔을 때 미리 준비된 배경 지식이 든든하게 버팀목이 돼 주겠죠.

　　근대 고전을 읽으면 역사에 접근하기도 쉬워집니다. J.D.샐린저의 『호밀밭의 파수꾼』을 예로 들어 볼게요. 이 소설은 '청소년기'라는 개념을 거의 최초로 사용한 작품입니다. 홀든 콜필드라는 캐릭터가 탄생하기 전에 우리는 어린이였다가 바로 어른이 될 수밖에 없었죠. 그동안 10대라는 시기는 인생에서 별로 주목받지 못했으니까요. 또한 이 소설은 경제 호황, 대중문화의 시초, 늘어난 여가 시간, 여성 인권 신장, 로큰롤의 탄생과 동시에 등장했어요. 그때와 지금, 무엇이 달라졌고 무엇은 그대로인지 되돌아보는 질문을 하면 아이들은 그때를 보다 생생하게 느끼면서 자신의 역사와 문화에 대입해 볼 수 있습니다.

고전 추천도서

○ 『금오신화』 김시습

○ 『열하일기』 박지원

○ 『홍길동전』 허균

○ 『노인과 바다』 어니스트 헤밍웨이

○ 『달과 6펜스』 서머싯 몸

○ 『데미안』 헤르만 헤세

○ 『동물농장』 조지 오웰

○ 『변신』 프란츠 카프카

○ 『아Q정전』 루쉰

○ 『양철북』 귄터 그라스

○ 『어린 왕자』 생텍쥐페리

○ 『제인 에어』 샬럿 브론테

○ 『파우스트』 요한 볼프강 폰 괴테

○ 『페스트』 알베르 카뮈

○ 『프랑켄슈타인』 메리 셸리

○ 『햄릿』 윌리엄 셰익스피어

○ 『허클베리 핀의 모험』 마크 트웨인

논픽션

도서관에 있는 논픽션을 다 읽어 버릴 기세로 논픽션을 유난히 좋아하는 아이들이 있습니다. 상어, 사막, 인체 등 자신이 빠진 분야에 백과사전 못지않은 방대한 지식을 쏟아내며 저를 깜짝 놀라게 만들죠. 이런 아이들과 수다를 떨면 얼마나 즐거운지 몰라요. 반면에 논픽션 책을 힘들어하는 아이들도 있습니다. 이런 아이들은 줄거리가 있는 책을 훨씬 좋아하고, 제가 끼어들어 논픽션 책을 권하면 거부감이 심해요.

논픽션을 꺼리는 아이에게는 요리책이나 만들기 책을 먼저 권하고 싶네요. 목적이 뚜렷하고 결과물도 기분 좋거든요. 맛있는 간식이나 귀여운 양말 인형이 뚝딱 나오죠. 화초를 가꿔 보면서 필요한 정보가 담긴 논픽션을 찾아 읽는 것도 괜찮은 방법입니다. 아니면 아이의 친구에게 재미있게 읽은 논픽션을 추천해 달라고 해 보세요. 귀여운 반려동물이나 코알라, 캥거루에 관한 책이 많이 언급될 거예요.

논픽션을 읽으면 대단히 다양한 주제와 문체를 접할 수 있습니다. 요즈음 논픽션 책은 디자인도 매우 훌륭합니다. 표지도 멋지고, 복잡하고 어려운 소재에 아이들이 쉽게 다가서도록 다채로운 사진과 그림, 다양한 글꼴이 들어 있지요. 일반적인 책처럼 줄을 따라 차례차례 문장을 읽어 가는 방식과는 구성도 다릅니다. 인터넷 서핑을 할 때 접하는 웹 디자인과 비슷하달까요. 논픽션 책은 부분부분 발췌해서 읽기 좋고, 작은 덩어리씩 끊어 읽어도 전혀 문제가 없죠. 오랫동안 집중하지 않아도 되기 때문에 책을 썩 좋아하지 않거나 조금만 읽어도 몸이 뒤틀리는 아이들도 충분히 즐길 수 있습니다.

논픽션은 다양한 분야로 지식을 확장해 주고, 상식의 기반을 단단히 다져 줍니다. 흥미 또는 학습 영역의 갖가지 지식뿐만 아니라 어휘력도 풍부해지지요. 또 인쇄물이나 디지털 텍스트에 담긴 정보를 효율적으로 탐색하는 방법도 알려 줍니다. 훌륭한 논픽션 책에는 목차, 색인, 용어 사전이 반드시 들어 있는데요, 이를 통해 아이들은 관심 있는 부분을 쉽게 찾을 수 있고 제목이나 주제별로 어떻게 정보가 정리되는지도 파악해 갑니다. 다양한 글꼴, 다이어그램, 그래프, 캡션, 표, 표제와 부제 같은 시각 자료도 풍부히 접하게 되고요.

논픽션 추천도서

○ 『돌멩이랑 주먹도끼랑 어떻게 다를까?』 김경선 글, 이다 그림,
시공주니어, 2011

○ 『위견전』 정해왕, 박보미 옮김, 시공주니어, 2012

○ 『참나무는 참 좋다!』 이성실 글, 권정선 그림, 비룡소, 2012

○ 『파라오가 될래, 미라를 만들래?』 크리스틴 부처 글, 마샤
뉴비깅 그림, 정수연·정범진 옮김, 시공주니어, 2012

○ 『꽃을 먹는 늑대야』 이준규 글, 유승희 그림, 비룡소, 2015

○ 『MAPS』 알렉산드라 미지엘린스키·다니엘 미지엘린스키, 그린북,
2017

○ 『사소한 구별법』 김은정, 한권의책, 2018

○ 『공정 : 내가 케이크를 나눈다면』 소이언 글, 김진화 그림,
우리학교, 2019

○ 『소녀와 소년, 멋진 사람이 되는 법』 윤은주 글, 이해정 그림,
사계절, 2019

○ 『에베레스트』 상마 프랜시스 글, 리스크 펭 그림, 박중서 옮김,

찰리북, 2019

○ 『오리엔트 특급 열차를 타고 파리로』 슈테판 마르틴 마이어 글,
토어발트 슈팡겐베르크 그림, 류동수 옮김, 찰리북, 2019

○ 『세계사를 한눈에 꿰뚫는 대단한 지리』 팀 마샬 글, 그레이스
이스턴 · 제시카 스미스 그림, 비룡소, 2020

○ 『여기는 쓰레기별, 긴급 구조 바람!』 올라 볼다인스카-
프워친스카, 김영화 옮김, 우리학교, 2020

○ 『우리가 주인공인 세계사』 필립 윌킨슨 글, 스티브 눈 그림,
강창훈 옮김, 책과함께어린이, 2020

전기와 자서전

사실에 기반하면서 이야기의 힘을 갖춘 위인전과 자서전은 논픽션만 읽으려는 어린이에게 다가서기 쉬운 책입니다. 많은 전기가 '어린이 버전'으로 나오고 있고, 유명 인물들을 다룬 인물 사전도 인기가 높습니다.

누군가의 삶을 들여다보는 것은 무척 흥미롭지요. 그 인물이 역경을 이겨 내고 성공하는 과정은 경외심을 불러일으킵니다. 저는 어린이 독자들이 다른 렌즈로 타인의 삶을 보게끔 해 주는 전기 작품의 열성 팬입니다. 오늘날의 아이들은 결코 전쟁이나 빈곤과 같은 깊은 상처를 입지 않기를 바라지만, 커다란 시련을 겪어 낸 타인의 이야기를 읽으며 공감 능력과 사회적 책임감, 감사하는 마음을 키워 갔으면 하는 소망도 있어요.

개인이 겪은 사건이나 실화를 읽으면 역사가 한층 실감 나게 다가옵니다. 전기 작품은 연대표와 중요한 역사적 사건을 읽는 좋은 도구이며 과거에 일어난 사건들이 현재에 어떤 영향을 미치는지도 깨닫게 해 주지요. 역사적 관점으로 보면 지금 일어나는 사건들을 이해하기도 쉬워집니다.

전기와 자서전 추천도서

○ 『루이 브라이』 마가렛 데이비슨 글, J.컴페어 그림, 이양숙 옮김, 다산기획, 1999

○ 『위대한 영혼, 간디』 이옥순 글, 김천일 그림, 창비, 2000

○ 『백범일지』 김구, 도진순 엮음, 돌베개, 2002

○ 『간송 선생님이 다시 찾은 우리 문화유산 이야기』 한상남 글, 김동성 그림, 샘터, 2005

○ 『청년노동자 전태일』 위기철, 사계절, 2005

○ 『일어나요, 로자』 니키 지오바니 글, 브라이언 콜리어 그림, 최순희 옮김, 웅진주니어, 2006

○ 『장기려, 우리 곁에 살다 간 성자』 김은식, 봄나무, 2006

○ 『천사들의 행진』 강무홍 글, 최혜영 그림, 양철북, 2008

○ 『왕가리 마타이』 프랑크 프레보 글, 오렐리아 프롱티 그림, 정지현 옮김, 문학동네, 2012

○ 『나는 말랄라』 말랄라 유사프자이·크리스티나 램, 박찬원 옮김, 문학동네, 2014

○ 『나는 반대합니다』 데비 레비 글, 엘리자베스 배들리 그림,
   양진희 옮김, 함께자람, 2017

○ 『그레타 툰베리』 발렌티나 카메리니 글, 베로니카 베치 카라텔로
   그림, 최병진 옮김, 주니어김영사, 2019

○ 『나는 여성이고, 독립운동가입니다』 심옥주 글, 장경혜 그림,
   우리학교, 2019

○ 『마리 퀴리』 이렌 코엔-장카 글, 클라우디아 팔마루치 그림,
   이세진 옮김, 그레이트북스, 2020

○ 『의병장 희순』 정용연 글, 권윤돌 그림, 휴머니스트, 2020

○ 『전기의 마법사 니콜라 테슬라』 이여니 글, 권민정 그림,
   크레용하우스, 2020

○ 『프리다 칼로』 루시 브라운리지 글, 산드라 디크만 그림, 최혜진 옮김,
   책읽는곰, 2020

연극과 영화 대본

반드시 지켜야 할 철칙이 있죠. 절대로, 죽었다 깨어나도 원작 소설보다 영화를 먼저 봐선 안 된다는 것. 그런데 이상하게도 연극이나 영화 대본은 먼저 읽으면 안 된다는 선입견이 있습니다. 그냥 바로 가서 연극이나 영화를 봐야 하는 거죠. 그렇지만 책을 안 읽고 영화만 보면 놓치는 게 많듯이 연극과 영화 대본을 문학으로 생각하지 않으면 역시 놓치는 부분이 많아집니다.

대사와 지문 사이의 하얀 여백은 잠재력으로 가득합니다. 독자는 이 순간들이 어떻게 보이고 들릴지 상상력을 한껏 가동해야 합니다. 마음의 눈을 사용해 등장인물의 세계가 홀로그램처럼 눈앞에 펼쳐지게끔 하는 거죠. 대본에는 기나긴 묘사나 독백이 실려 있지 않기에 추론과 연역을 하면서 내용을 파악해야 합니다. 보다 숙련된 독자가 되기 위해 꼭 필요한 기술이죠. 해설자가 거의 등장하지 않고 저자의 전지적인 개입도 제한적이므로 독자가 밀착해서 등장인물 간의 역동을 살피고, 긴 설명 없이 극의 흐름을 이해해야 합니다. 대본을 읽으며 아이들은 시적이고 리듬이 있는 언어에도 노출됩니다. 작가는 무대에서 대사가 관객에게 어떻게 들릴지 고려하며 최대한 효율적으로 이야기를 만들어 내고, 이렇게 쓰인 극본이나 시나리오에는 섬세하게 직조된 언어의 힘과 묘미가 담겨 있습니다.

생동감 넘치는 연극과 멋진 영화를 보는 것도 즐거운 경험이지만, 배우들이 해석한 연기를 보기 전에 대본을 읽으면서 아이들의 머릿속에서 아이들만의 목소리로 무대나 스크린을 연출해 보는 것도 좋겠죠.

연극과 영화 대본 추천도서

○ 『완희와 털복숭이 괴물』 수잔 지더, 김정호 옮김, 연극놀이그리고교육, 2011

○ 『신비한 동물 사전 원작 시나리오』 J. K. 롤링, 강동혁 옮김, 문학수첩, 2017

○ 『어린이 희곡 : 돌 씹어 먹는 아이』 송미경, 문학동네, 2019

○ 『어린이 희곡 : 해리엇』 한윤섭, 문학동네, 2019

○ 『어린이 희곡 : 뻥이오, 뻥』 김리리 원작, 김수희 각색, 문학동네,

2020

- 『꼴뚜기(희곡집)』 진형민 글, 황k 그림, 창비, 2020

- 『노랑이와 백곰』 김중미 글, 황벼리 그림, 창비, 2020

- 『이상한 게임』 오세혁 글, 이지연 그림, 창비, 2020

- 『칠 대 독자 동넷개』 천효정 글, 유승하 그림, 창비, 2020

단편

단편은 과소평가되고 있는 장르입니다. 사실 완결성 있으면서 간결하고 근사한 단편을 쓰는 건 대단히 어려운 일입니다. 로알드 달과 레이 브래드버리는 타고난 재능에 엄청난 노력을 더해 단편의 대가가 되었지요.

긴 소설 읽기를 어려워하는 학생들에게 단편 읽기는 큰 도움이 됩니다. 완독이 어렵지 않아 실패에 대한 두려움이나 커다란 좌절감 없이 성취감을 얻을 수 있거든요. 유머 책, 모험 이야기, 미스터리 등 장르도 무궁무진하니 아이가 좋아할 만한 이야기를 어렵지 않게 찾을 수 있을 겁니다.

단편집 추천도서

○ 『어두운 계단에서 도깨비가』 임정자 글, 이형진 그림, 창비, 2001

○ 『발차기만 백만 번』 김리하 글, 최정인 그림, 푸른책들, 2011

○ 『날 좀 내버려 둬』 양인자·박현경·류은·이여원·신지영·김다미·

이미현·문성희, 푸른책들, 2014

○ 『델 문도』 최상희, 사계절, 2014

○ 『돌 씹어 먹는 아이』 송미경 글, 안경미 그림, 문학동네, 2014

○ 『난 뭐든지 할 수 있어』 아스트리드 린드그렌 글, 일론 비클란드 그림, 강일우 옮김, 창비, 2015

○ 『미하엘 엔데 동화 전집』 미하엘 엔데, 유혜자 옮김, 에프, 2016

○ 『실비아 플라스 동화집』 실비아 플라스 글, 오현아 옮김, 마음산책, 2016

○ 『제후의 선택』 김태호 글, 노인경 그림, 문학동네, 2016

○ 『운동장의 등뼈』 우미옥 글, 박진아 그림, 창비, 2017

○ 『쿵푸 아니고 똥푸』 차영아 글, 한지선 그림, 문학동네, 2017

○ 『꼬마 너구리 요요』 이반디 글, 홍그림 그림, 창비, 2018

○ 『꽃섬 고양이』 김중미 글, 이윤엽 그림, 창비, 2018

○ 『와우의 첫 책』 주미경 글, 김규택 그림, 문학동네, 2018

시

아이들은 시를 좋아합니다. 태생적으로 속한 문화나 가정환경에 관계없이 인간의 뇌는 운율, 리듬, 반복적인 단어에 반응하도록 프로그래밍되어 있습니다. 시를 너무 거창하게 생각할 필요는 없습니다. 이것만 기억하시면 돼요. 우리가 아이들과 함께했던 최초의 이야기 형태, 그러니까 노래나 동요가 바로 시라는 것을요.

어린이책 작가이자 제 친구인 나탈리 제인 프라이어는 아이들에게 들려줄 아름다운 시선집 『별들의 배』 A Boat of Stars를 공동 편집하기도 했지요. 나탈리가 우리에게 시를 읽어야 하는 이유와 읽는 방법을 알려 줄 거예요.

기도나 음악처럼, 시는 원초적입니다. 가장 근원적이면서도 대단히 섬세하게 작동하는 언어죠. 시는 아이에게 언어의 규칙을 알려 주는 가장 훌륭한 도구입니다. 시를 읽으면 예상치 못한 각도에서 사물을 바라보며 틀에서 벗어난 사고를 하게 되죠. 이는 오늘날 더욱 필요해진 능력입니다. 시를 읽는 건 적당히 선택하고 말고 할 문제가 아닙니다. 시를 통해 아이는 평생토록 쓸 수 있는 강력한 무기를 얻는 셈입니다.

여러분이 시에서 큰 감흥을 못 느낀다 해도 아이들이 시를 사랑하게끔 이끌어 주는 건 생각보다 어렵지 않답니다. 훌륭한 동요 책과 동시집을 준비해 아기 때부터 밤마다 잠자리에서 읽어 주는 걸로 시작하면 돼요. 아이가 가장 좋아하는 시가 뭔지는 금방 알게 됩니다. 그러면 아이와 함께 외우고 읊어 보세요. 초기 독서 단계로 진입하면 운율이 있는 부분을 짚어 주세요. 아이는 글자와 소리의 연관성을 알아차릴 겁니다. 동요나 동시를 읽을 때 리듬에 맞춰 몸을 흔들거나 행진하고 손뼉도 치면서 좋아하는 시를 우리만의 것으로 만들 방법을 찾아 보세요. 유아용 그림책에 쓰인 글에도 대부분 운율과 리듬이 있습니다. 좋은 그림책의 텍스트가 훌륭한 평가를 받는 것은 운율과 리듬이 살아 있기 때문입니다. 소리 내서 읽을 때 더 돋보이는 책인 거죠.

마지막으로, 실험을 두려워하지 마세요. 제 딸 엘리

자베스가 어릴 때 함께 읽고 또 읽었던 시는 바로 W.H.오든의 「밤의 편지」The Night Mail였어요. 야간 우편 열차를 다룬 1936년 다큐멘터리 영화에 쓰인 시였죠. 어린이용 시도 아니었는데 도대체 왜일까요? 리듬 때문이에요. 런던에서 스코틀랜드까지 우편물을 실으며 칙칙폭폭 달려가는 기차 소리가 나오거든요. 여러분도 특히 좋아하는 시가 있나요? 그렇다면 아이와 함께 읽어 보세요. 십중팔구 아이도 그 시를 좋아하게 될 테니까요.

시

○ 『문혜진 시인의 의태어 말놀이 동시집』 문혜진 글, 정진희 그림, 비룡소, 2016

○ 『박성우 시인의 끝말잇기 동시집』 박성우 글, 서현 그림, 비룡소, 2019

○ 『최승호 시인의 말놀이 동시집』 최승호 글, 윤정주 그림, 비룡소, 2020

○ 『탄광마을 아이들』 임길택 글, 정문주 그림, 실천문학사, 2004

○ 『콧구멍만 바쁘다』 이정록 글, 권문희 그림, 창비, 2009

- 『어이 없는 놈』 김개미 글, 오정택 그림, 문학동네, 2013

- 『팝콘 교실』 문현식 글, 이주희 그림, 창비, 2015

- 『운동장 편지』 복효근, 창비교육, 2016

- 『브이를 찾습니다』 김성민 글, 안경미 그림, 창비, 2017

- 『쉬는 시간에 똥 싸기 싫어』 김개미 글, 최미란 그림, 토토북, 2017

- 『Z교시』 신민규 글, 윤정주 그림, 문학동네, 2017

- 『똥시집』 박정섭, 사계절, 2019

- 『착한 마녀의 일기』 송현섭 글, 소윤경 그림, 문학동네, 2018

- 『콩, 너는 죽었다』 김용택 글, 김효은 그림, 문학동네, 2018

- 『산비둘기』 권정생, 창비, 2020

- 『오리 돌멩이 오리』 이안 글, 정진호 그림, 문학동네, 2020

- 『포기를 모르는 잠수함』 김학중, 창비교육, 2020

만화

만화는 문자와 시각 자료를 모두 동원해 이야기를 풀어 갑니다. 코믹스는 대개 여러 회에 걸쳐 오랫동안 이야기를 펼쳐 나가는 긴 시리즈이고, 그래픽 노블은 소설처럼 한 권에 하나의 이야기를 담고 있죠.

어린이 독자들은 갈수록 시각 미디어에 의존합니다. 이제 제품 설명서도 읽지 않아요. 유튜브에서 누가 제품을 사용하는 영상을 찾아보죠. 어린이의 이런 요구를 충족시키는 장르가 바로 만화입니다. 만화 읽기는 수준이 처지는 독서가 아닙니다. 글과 그림을 동시에 해독하면서 서사를 따라가고 의미를 파악하려면 성숙한 읽기 능력이 필요합니다.

스티븐 액셀센은 누구보다도 건조하고 짓궂은 유머 감각을 뽐내는 어린이용 그래픽 노블 작가입니다. 스티븐에게 이 장르에 대한 이야기를 들어 보지요.

아홉 살 아이가 책 읽기를 시간 낭비로 여기나요? 그

렇다면 그래픽 노블을 읽혀 보세요. 끝없이 줄줄이 이어지는 단어에는 숨이 막혀도, 그림 속에 들어 있는 단어 몇 개는 소화하기 쉬울 겁니다. 그림도 이해를 도와줄 거고요. 말풍선을 하나씩 읽어 낼 때마다 성취감이 밀려오고, 그러다 보면 조금씩 큰 말풍선도 차츰 소화하게 될 겁니다. 이런 말풍선이 아홉 살 아이를 천천히 이끌어 도스토옙스키에게까지 데려다 줍니다.

그래픽 노블은 시각적 형상화가 과하다고요? 그렇다고 어린이 독자의 상상력이 떨어질까요? 글쎄요. 신경심리학자들은 어떻게 생각할지 모르겠지만, 저는 흡인력 있는 이야기와 결합된 훌륭한 이미지는 어린이에게 자양분이 된다고 믿어요. 저한테는 그랬거든요. 저는 그래픽 노블을 통해 많은 것들을 관찰하고 흡수하고, 저의 통찰력과 기능 그리고 야망을 계속해서 키워 가고 있어요.

그래픽 노블은 책을 꺼리는 아이나 사회생활이 서투른 '괴짜'에게만 필요한 책이 아닙니다. 특유의 미학을 풍부하게 갖춘 예술 형식이죠. 거의 영화적 체험에 가깝다고 할 수 있습니다. 그러나 영화와는 달리 줄거리와 예술 표현을 느긋이 즐길 수 있고, 다시 쪼개서 읽을 수도 있습니다. 이미지가 떠나지 않고 눈앞에 남아 있지요. 텍스트 위주의 책에서 작가가 쓴 훌륭한 문장에 감탄하게 되듯이 그래픽 노블에서는 일러스트레이터가 표현한 멋진 드로잉과 색채를 만끽할 수 있습니다. 복잡하고 추상적인 아이디어가 혁신적인 방법으로 시각화되는 장면을 보며 놀라기도 하지요. 일러스트레이터는 글을 꾸며 주는 역할에 그치지 않습니다. 훌륭한 일러스트레이터는 이야기를 키우고 강화해 나가죠.

만화 추천도서

○ 『짱뚱이의 나의 살던 고향은』 오진희 글, 신영식 그림, 주니어파랑새, 1999

○ 『두근두근 탐험대』 김홍모, 보리, 2008

○ 『안녕, 전우치?』 하민석, 보리, 2010

○ 『폴리나』 바스티앙 비베스, 임순정 옮김, 미메시스, 2011

○ 『귀신 선생님과 진짜 아이들』 남동윤, 사계절, 2014

○ 『지슬』 오멸 원작, 김금숙 그림, 서해문집, 2014

○ 『고스트』 레이나 텔게마이어, 원지인 옮김, 보물창고, 2017

○ 『나빌레라』 Hun 글, 지민 그림, 위즈덤하우스, 2017

- 『연필의 고향』 김규아, 샘터사, 2018

- 『까대기』 이종철, 보리, 2019

- 『나의 탄생』 안네테 헤어초크 글, 카트린 클란테 그림, 김영진 옮김, 비룡소, 2019

- 『덥수룩 고양이』 이인호 글, 노예지 그림, 샘터사, 2019

- 『열세 살의 여름』 이윤희, 창비, 2019

- 『왕자와 드레스메이커』 젠 왕, 김지은 옮김, 비룡소, 2019

- 『투명인간 에미』 테리 리벤슨, 황소연 옮김, 비룡소, 2019

- 『고래별』 나윤희, RHK, 2020

- 『공주와 공주는 오래오래 행복하게 살았대』 케이티 오닐, 심연희 옮김, 보물창고, 2020

- 『뉴 키드』 제리 크래프트, 조고은 옮김, 보물창고, 2020

- 『스피닝』 틸리 월든, 박다솜 옮김, 창비, 2020

- 『철수 이야기』 상수탕, 돌베개, 2020

8
다양한 읽기 방식과 디지털 독서

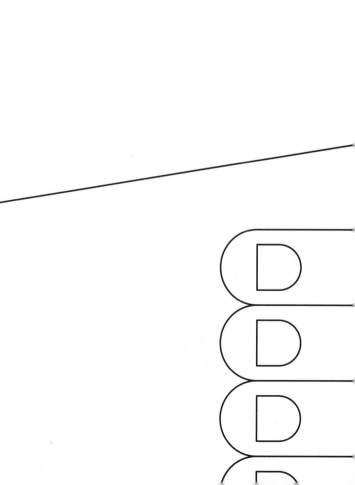

디지털 시대의 읽기

디지털 시대의 읽기란 어떤 모습일까요. 우리는 아이들이 독서보다는 디지털 기기를, 책 속 세상보다는 온라인 게임을 선호할 거라고 짐작합니다. 전자책과 각종 어플이 등장하고 디지털 기기 사용이 늘면서 많은 우려가 쏟아졌고, 스크린 타임과 디지털 독서에 관심을 가질 수밖에 없게 되었죠. 이제는 기술이 도입되기 전으로 돌아갈 수도 없고 돌아가길 원하지도 않습니다. 이제 관건은 디지털 시대에서 읽기의 경이로움을 어떻게 받아들이느냐 하는 것입니다.

기술로 인해 우리는 그 어느 때보다도 많은 타인의 이야기에 연결되어 있습니다. 이웃의 이야기뿐 아니라 지구 반대편에 사는 사람의 이야기에도 닿아 있지요. 이는 어린이 독자들의 문학적 경험을 전통적인 종이책에서 디지털 읽기로 확장할 기회이기도 합니다. 아이들을 사로잡은 디지털 활동의 가능성을 인정한다면 새로운 리터러시 학습 방식으로 전환해 '읽기의 황금시대'

를 불러올 수도 있습니다. 우리가 알던 그 '책'의 몰락이 걱정스럽다고요? 어쨌거나 우리는 디지털 책의 혁명기에 이미 진입했습니다. 도서관에 가득한 종이책은 머지않은 미래에 전자책과 다른 디지털 읽기 매체와 사이좋게 머물게 되겠죠.

진화하는 디지털 기술에 발맞추어 교실에서 읽기와 쓰기를 가르치는 방식도 변화하고 있습니다. 교사에게는 새로운 과제가 주어졌습니다. 수업에 새로운 방식을 도입하면서도 전통적인 종이책이 주는 풍부한 경험을 놓쳐서는 안 됩니다. 부모 역시 각종 디지털 기기 덕분에 아이들을 즐겁게 해 줄 수 있지만 사용 시간을 적절히 통제하고자 애쓰고 있죠. 아이들이 디지털 기술을 능숙하게 활용하기를 바라면서도 종이책에서 멀어지거나 리터러시 수준이 떨어질까 염려스럽습니다. 첨단 기술의 시대를 살아가며 교사도 부모도 다양한 방식의 독서가 공존할 방법을 모색하고 있지요.

'복합양식(멀티) 리터러시'는 점점 다양해지는 정보 소통의 일환입니다. 우리는 이미지, 낱말, 소리, 움직임, 촉감 등 다양한 요소가 합쳐진 복합양식을 읽어 내고, 또 여러 가지 멀티미디어와 디지털 텍스트에 반응하거나 이들을 창작할 때도 복합양식을 이용합니다. 복합양식 텍스트란 시각적 이미지·텍스트·공간적 요소가 결합되어 의미가 만들어지는 것으로 그림책, 그래픽 노블, 일부 전자책은 물론이고 포스터 같은 시각 자료도 포함합니다. 웹페이지, SNS, 어플, 애니메이션, 영화, 전자책, 온라인 게임 등은 디지털 복합양식 텍스트입니다. 모두 음성 언어, (정적 및 동적인) 시각 요소, 청각 요소, 동작, 문자, 공간 요소가 결합되어 의미가 생겨나죠. 공연, 노래, 스토리텔링, 온라인 게임, 춤 등은 '실생활' 복합양식 텍스트입니다. 우리는 이미지, 언어, 소리, 움직임 등의 요소를 동시에 처리하기도 하고 한 가지 요소에 치우치기도 합니다. 그림책을 읽을 때는 시각 모드를, 오디오북을 들을 때는 청각 모드를 주로 작동시키죠.

　디지털 기술은 읽는 방식과 문해력을 키우는 방식에 급격한 변화를 가져왔습니다. 이제 우리는 다양한 읽기 방식과 '복합양식 읽기'에 주목해야 합니다.

아이들을 전문가로 만들기

먼저 아이들이 디지털 기술에 능숙해지도록 만드세요. 아이들 스스로 전문가가 되어 디지털 기기를 사용하거나 온라인 독서를 할 때 어른에게 의존하지 않도록 하는 거죠. 아이들이 새로운 기술을 쉽게 익히는 것처럼 보일지 모르지만, 사실 아이들의 숙련도는 그저 빠른 결과를 얻게만 해 줄 뿐 학습이나 교양 면에서는 별다른 실익이 없는 경우가 많습니다. 아이들이 놀면서 스스로 기술을 탐구하는 것도 좋지만 계획에 따라 순차적으로 특정 기술을 익히는 것도 중요하죠. 둘 사이에 균형을 잡아야 합니다.

　우리 학교 도서관에서는 아이들에게 이북 리더기를 빌려주기 전에 기기 사용법을 가르치는 프로그램을 개발했습니다. 덩달아 교사들도 이 새로운 기술 사용법을 익힐 수 있었지요. 우리는 아이들과 사전 찾기, 메모하기, 하이라이트, 즐겨찾기 등 기본적인 기능 활용법을 실습해 보았습니다. 이어 글자 크기나 배경색을 바꿔 보고, 오디오 기능을 써 보고, 페이지를 편집해 보면서 전자 기기를 이용한 맞춤형 독서의 장점도 찾아보았죠. 아이들은 기기를 관리하는 법, 충전하는 법, 수리하는 법까지 배우고 마지막으로 기기 사용 및 관리 방법 등이 기재된 '사용자 동의서' 양식에 서명했습니다.

이런 과정을 통해 아이들이 전문 지식을 쌓자 교실 안 역학 관계에도 변화가 생겨났죠. 이제 교사는 교실에서 유일한 지식 제공자가 아닙니다. 특정 기기를 다루는 전문가 역할은 아이들이 맡게 되었거든요.

코딩 ─ 새로운 리터러시

'컴퓨터 공학'은 하드웨어와 소프트웨어를 이해하게 했을 뿐만 아니라 사고방식 자체에 변화를 가져왔죠. '컴퓨팅 사고'라고 하면 더 익숙하실 겁니다. 컴퓨팅 사고는 컴퓨터의 방식으로 문제를 바라보는 것입니다. 논리적으로 사고하기, 작게 쪼개 보기, 패턴 인식하기, 아이디어 추상화하기, 알고리즘 만들기 등의 과정이 있죠. 읽기를 배워 가는 과정과도 비슷해 보이죠? 코딩은 알고리즘을 컴퓨터가 이해할 수 있는 언어로 바꾸는 작업입니다. 우리가 쓰는 말처럼 변수와 규칙이 있죠. 오늘날 코딩은 '새로운' 형태의 리터러시로 자리 잡아 가고 있습니다.

우리는 코딩(또는 프로그래밍)으로 컴퓨터와 소통합니다. 음악, 춤, 운동처럼 아이들에게는 코드를 읽고 쓰는 방법을 배울 기회도 필요합니다. 모든 아이가 뮤지션이나 운동선수가 되는 건 아니지만 이런 활동은 균형 잡힌 성장을 돕고 지속적으로 발달시켜 나가면 삶에 유용한 기술이 됩니다. 코딩에 푹 빠져 컴퓨터 공학으로 진로를 정하는 아이들도 많이 있고요. 처음에는 스크래치나 엔트리 같은 쉽고 재미있는 비주얼 프로그램 언어로 시작하면 됩니다. 그리고 천천히 자바나 파이썬 같은 문자 기반 프로그래밍 언어로 넘어가는 거죠.

온라인 프로그램이나 로봇 같은 도구를 통해 코딩을 배우면서 아이들은 여러 가지 능력을 키울 수 있습니다. 팅커링(공작과 발명), 크리에이팅(디자인과 만들기), 디버깅(오류를 찾아내고 고치기), 끈기, 위험 감수, 협업 능력 등이죠.

컴퓨터는 영화, 의료, 교육, 오락, 행정, 건축, 상업 등 우리 삶의 구석구석까지 닿아 있습니다. 몇 세기 전까지만 해도 리터러시 능력은 귀족과 종교인만 갖출 수 있는 특권이었죠. 컴퓨터가 우리 삶의 거의 모든 분야에 사용되면서 코딩을 이용한 디지털 기술은 이제 아이들에게 필수 과목이 되었습니다. 이렇게 코딩의 '새로운 리터러시'를 통해 아이들은 단지 디지털 기술의 소비자로 머무는 데 그치지 않고, 읽고 이해하고 적극적으로 창조할 수 있게 되었습니다.

컴퓨팅 사고 및 코딩 추천도서

○ 『누가 내 소프트웨어를 훔쳐 갔지?』 양나리, 탐, 2016

○ 『컴퓨터와 코딩』 로지 디킨스 글, 쇼 닐센 그림, 어스본코리아, 2016

○ 『초등학생이 알아야 할 숫자, 컴퓨터와 코딩 100가지』
앨리스 제임스·에디 레이놀즈·미나 레이시·로즈 홀·알렉스 프리스 글,
페데리코 마리아니·파르코 폴로·쇼 닐슨 그림, 배장열 옮김, 어스본코리아,
2019

○ 『초등 코딩 스크래치 무작정 따라하기』
전현희·주희정·최민희·장은주·쟈스민, 길벗, 2019

○ 『초등 코딩 엔트리 무작정 따라하기』 에이럭스 코딩 교육
연구소·곽혜미, 길벗, 2019

○ 『나도 AI 로봇 만들 수 있어』 김선미·강수현·손형석·김지희,
미디어숲, 2020

○ 『모두의 앱 인벤터』 김경민, 길벗, 2020

○ 『시크릿 코더』 시리즈 진 루엔 양 글, 마이크 홈스 그림, 임백준 옮김,
길벗어린이

○ 『코딩맨 엔트리』 시리즈 송아론·k프로덕션·이준범 글,
김기수 그림, 다산어린이

○ 『코딩과학동화 팜』 시리즈 홍지연 글, 지문 그림, 길벗

전자책

종이책 특유의 촉감을 대체할 수 있는 것이 있을까요? 책장을 넘기며 표지와 책등, 면지 등을 살피고 느끼는 과정은 어린이 독자에게 대단히 중요합니다. 또 하이퍼링크나 팝업창을 누르지도, 손끝으로 화면을 슥슥 넘기지도 않으며 첫 페이지부터 마지막 페이지까지 읽어 낸 아이들은 독서에 자신감을 갖게 되죠.

하지만 디지털 독서에도 장점이 많습니다. 좋은 독서 어플과 전자책은 아이들을 끌어들입니다. 특히 종이책을 끝까지 읽기 힘들어하거나 '읽는 동안' 줄곧 움직여야 하는 아이들(영유아, 활동적인 아이, 끊임없이 꼼지락대는 아이 등)을요. 연령이 높은 아이들은 책 속으로 좀 더 깊이 들어가 볼 수 있습니다. 저자 이력을 클릭해 보거나 모르는 단어를 사전에서 찾아보거나 다음 시리즈를 바로 다운받으며 독서에 탄력이 붙죠. 읽는 방식은 전자책도 종이책과 거의 비슷하지만, 전자책을 통해 그동안 상상할 수 없었던 새로운 세계가 활짝 열리기도 합니다. 화면 크기 조정, 페이지 전환, 레이아웃 설정, 오디오 등 전자책 리더기의 다양한 기능 덕분에 자유로운 맞춤형 독서를 할 수 있죠.

제 친구는 열 번째 생일을 맞은 딸에게 전자책 리더기과 전자책 구매권을 선물했는데요, 언제 어디서든 터치 한 번으로 책을 볼 수 있게 되자 아이의 독서량과 독서력이 대폭 상승하고 자율성과 책임감도 생겼다고 합니다. 이제 아이는 스스로 책을 사서 읽은 다음 간결하고 날카로운 서평도 능숙하게 남기고, 선물이나 용돈으로 전자책 상품권을 요구한다네요. 아이들은 이런 식으로 디지털 기술 세계에 편안하게 접근하면서 혜택에 뒤따르는 책임감도 배워 갑니다. 물론 부모님이 늘 지켜봐야 합니다. 책을 고를 때는 신중해야 하고, 답글이나 서평을 남길 때는 안전장치가 필요합니다. 팝업 창은 비판적인 눈으로 살피고, 온라인 결제로 이루어지는 구매 비용에도 신경 써야 하죠. 소셜 미디어 세계 진입을 앞둔 아이에게 디지털 독서는 인터넷 세상이라는 물웅덩이에 '발끝을 디뎌 보는' 경험이기도 합니다.

오디오북

오디오 형태의 어린이책은 듣기 모드로 이야기를 경험하는 좋은 방법입니다. 어른이 읽어 주는 것과 유사한 효과가 있어 리터러시 역량을 키우는 중요한 도구로 자리매김했지요. 어린이 독자가 책에 접근하는 보다 손쉬운 방법 정도로 보는 시선도 있지만, 오디오북을 들을 때도 시각적 텍스트를 읽어 낼 때처럼 여러 기술과 전략을 써야 합니다. 오디오북은 독서 경험을 풍요롭게 하고 집중력과 청취력 향상에도 도움을 줍니다. 긴 책을 읽어 내지 못하는 아이들도 음향 효과와 음악, 실감 나는 목소리 연기가 곁들여진 오디오북으로는 완독할 확률이 높습니다.

오디오북은 자기 수준보다 높은 책을 접하게 해 주는 역할도 합니다. 특히 오디오북을 들으면서 종이책의 글자를 따라갈 때 효과가 좋습니다. 전문 내레이터가 생동감 넘치는 목소리와 정확한 발음으로 물 흐르듯 자연스럽게 책을 읽어 주거든요.

여러 가지 이유로 읽기를 어려워하거나 흥미를 못 붙인 아이들에게 오디오북은 장벽을 허물어 주는 좋은 도구입니다. 읽기 대신 듣기를 하면서 아이들은 이야기와 배경, 캐릭터를 나름대로 머릿속에 그려 보게 됩니다. 아이가 마음에 드는 오디오북을 만나면 그것이 독서의 불씨 역할을 해 줄 겁니다. 그때 그 오디오북의 종이책을 소개해 주세요.

저에게 오디오북의 매력은 휴대성입니다. 기기 하나에 수많은 이야기가 담기니까요. 학교 가는 길이나 운동, 휴가, 쇼핑하러 갈 때도 좋은 오디오북과 함께라면 훨씬 즐겁습니다. 온 가족이 함께 들으며 한참 동안 이야기꽃을 피울 수도 있고요.

게임

10대가 되면 온라인 게임을 안 하는 아이가 거의 없을 겁니다. 온라인 세상 너머로 사라지는 시간을 생각하면 부모와 교사는 속이 터지죠. 그렇지만 어린이와 청소년에게 게임은 일관된 즐거움과 성취감을 안겨 주고 통제력과 자립심도 필요한 오락거리입니다. 온라인 게임은 아이들이 스토리를 마음껏 만들어 볼 수 있는 풍부한 터전이 됩니다. 상상력과 동료 의식도 키워 주고요.

　게임을 하려면 상당한 수준의 리터러시 능력과 이해력이 필요합니다. 복잡한 이야기를 따라가야 하고, 복합양식 텍스트를 읽어 내야 합니다. 깊이 들여다보고 다각도로 생각하면서 복잡한 문제를 해결해야 하고, 게임 환경을 능숙하게 다룰 줄 알아야 하고, 압박감 속에서 빠른 결정을 내려야 하고, 빠르게 움직이는 텍스트와 이미지를 스캔해서 해독해야 하죠. 다른 플레이어의 메시지에 응답하고, 캐릭터를 만들고, 게임 사이트에 피드백을 주려면 쓰기 능력도 갖춰야 하고요. 우리는 게임의 긍정적 요소들을 활용해서 다른 형태의 리터러시를 통한 의미 있는 배움을 도와야겠죠. 어린이와 청소년이 게임의 복잡한 텍스트 읽기를 좋아한다면, 그런 아이들의 흥미를 엄선된 책 쪽으로 유인해 보는 건 어떨까요.

인기 온라인 게임의 파생 상품으로 나온 책도 많습니다. 내용이 괜찮고 원작 게임의 분위기를 잘 살렸다면 아이들이 관심을 가질 확률이 높습니다. 육체적 도전, 선과 악의 대결, 서바이벌 등 좋아하는 게임과 콘셉트가 비슷한 시리즈를 찾으면 게임 마니아 아이들을 종이책의 세계로 유인할 수도 있습니다.

인기 많은 판타지 시리즈에는 게임 같은 팬페이지도 있습니다. 게임 유저들이 교류하듯 비슷한 책을 좋아하는 사람들을 만나 유대감을 느낄 수 있죠.

온라인 게임 공간은 대단히 복잡한 세계입니다. 게임으로 끌어들여 그 세계 '속'에 머물게 하려면 배경이 얼마나 정교하게 창조되었는지가 관건이죠. 책도 마찬가지입니다. 복잡한 세계와 지도가 있는 책, 공간감이 확실히 느껴지는 책을 찾아보세요. 게임에서 직면하는 딜레마와 비슷한 주제를 다룬 책도 좋습니다. 수잰 콜린스의 『헝거 게임』 시리즈, 에밀리 로더의 『델토라 왕국』 시리즈, 카산드라 클레어의 『섀도우 헌터스』 시리즈 등을 추천합니다. 게임 리뷰를 쓰거나, 새로운 캐릭터와 결말을 추가해서 색다른 게임으로 바꿔 보는 등 흥미 있는 게임을 글로 표현해 보는 것도 좋은 활동입니다.

게임을 좋아하는 아이들을 위한 책

○ 『레몬첼로 도서관 탈출 게임』 크리스 그라번스타인, 정회성 옮김, 사파리, 2016

○ 『마인크래프트 : 좀비 섬의 비밀』 맥스 브룩스, 손영인 옮김, 제제의숲, 2017

○ 『미로 저택의 비밀』 데이비드 글러버 글, 팀 허친슨 그림, 어린이를위한수학교육연구회 옮김, 주니어RHK, 2019

○ 『베어 그릴스와 살아남기』 시리즈 베어 그릴스, 김미나 옮김, 얼리틴스

○ 『전사들』 시리즈 에린 헌터, 서나연 옮김, 가람어린이

○ 『찰리 9세』 시리즈 레온 이미지, 김진아 옮김, 밝은미래

9
시각적으로 읽어 내기

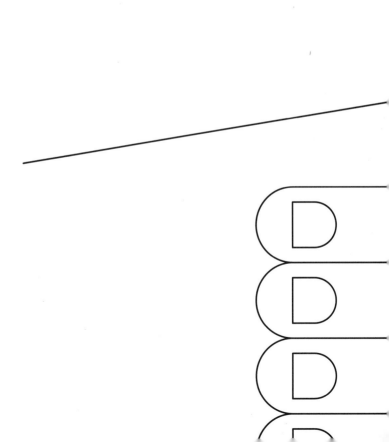

그림책과 비주얼 리터러시

생활 속에서 우리는 끊임없이 시각 정보를 접합니다. 인터넷이나 컴퓨터 프로그램, 스크린이나 광고판은 물론 유기농 그래놀라 상자나 동네 카페의 벽에 걸린 그림에서도 시각 정보를 만나지요. 오늘 소비한 시각 정보 그리고 그걸 만들어 낸 이들이 전달하려 했던 메시지에 대해 5분만 생각해 보세요. 그야말로 시각 정보의 홍수 시대를 살고 있다는 사실이 확 와 닿을 겁니다. 비주얼 리터러시는 시각 정보를 이해하고 창조하고, 시각 정보로 소통하는 데 필요한 기능을 일컫는 용어입니다. 그리고 그림책은 훌륭한 예술 작품이자 비주얼 리터러시를 기르는 최고의 방법이죠.

그림책, 어떻게 읽을까

저는 집에서 저희 아이들에게 그림책을 읽어 줄 때건, 도서관에서 학생들에게 읽어 줄 때건 비슷한 방법을 사용합니다. 유치부부터 6학년까지 모든 그림책을 비슷한 루틴을 따라 살펴봐요. '그림책을 어떻게 읽을까'에 왜 시간을 낭비하는지 의아한 분도 계시겠지만, 저는 그림책에는 무척 많은 비주얼 리터러시와 다른 여러 학습 요소가 들어 있다고 생각해요. 하나라도 놓치면 아까울 정도로요. 물론 모든 그림책을 수업용으로 읽을 필요는 없습니다. 어떤 그림책이건 가장 중요한 것은 읽는 재미입니다.

그런데 아이들에게 그림책을 읽어 주기 전에 반드시 미리 읽어 보세요. 저도 소란스러운 유치부 아이들을 조용히 시키려고 아무 책이나 집어들고픈 유혹이 들기도 해요. 그럴 때면 1999년 할아버지의 날에 있었던 해프닝을 떠올립니다. 그때 저는 2학년 아이들을 가르치고 있었는데요, 아이들의 할아버지를 초대해서 서른 분쯤 교실에 와 계셨어요. 저는 책장에서 할아버지에 관한 그림책을 뽑아 들었죠. 사서 선생님께 부탁해서 관련 코너를 꾸며 놓았거든요. 그런데 반쯤 읽었을 때 그림책 속 할아버지가 돌아가신다는 걸 눈치챘어요. 그 장면이 나오기 직전까지 읽어 준 뒤 책을 덮으며 쾌활하게 말했죠. "뒷얘기가 궁금하면 학교 도서관으로

가 보세요!" 그러고는 아이들이 그림책 속 할아버지는 어떻게 되는지 묻지 않게끔 괜스레 목소리를 높여 잼과 크림을 듬뿍 바른 스콘이 금방 나올 거라고 알렸어요. 티타임에 할아버지 한 분이 슬그머니 다가오시더니 웃으며 이런 말을 던지셨죠. "할아버지 죽죠, 그죠?" 그러니까 꼭 미리 읽어 보세요!

이제 아이들에게 그림책 읽어 주는 방법을 안내해 드릴게요. 먼저 겉모습부터 살펴봅니다.

♬　제목 : 글자 크기, 글꼴, 색상을 살펴봅시다.

♬　앞표지와 뒤표지 : 앞표지에는 제목이 있지요. 글 작가와 그림 작가 이름을 찾아보세요. (도서관에서 빌린 책이라면) 도서관 바코드가 보이나요? 뒤표지에서는 홍보 글, ISBN, 출판사를 찾아보세요. 작가 사진이나 설명은 책 겉에 있나요, 책 속에 있나요?

♬　책등 : 우리 몸에 있는 등뼈처럼 책등은 책이 곧게 서게 하고, 하나로 묶어 주는 역할을 해요. (도서관에서 빌린 책이라면) 책등 스티커에 적힌 숫자들이 보이나요? 숫자들은 무엇을 의미할까요? 책등에 제목이 적혀 있나요? 글씨 방향이 어떻게 보이나요? 왜 그런 방향

으로 씌어 있을까요?

🎵 면지 : 면지는 하드커버 책 안쪽의 맨 앞과 맨 뒤에 붙어 있는 책장이에요. 펼침면으로 되어 있고 한쪽은 안쪽 커버에 붙어서 책을 튼튼하게 해 주지요. (그런데 그 이상일 때가 있어요! 눈치 빠른 독자들은 밥 그레이엄의 그림책은 언제나 면지에서 시작해 면지에서 끝난다는 걸 알아채죠.)

그다음에는 그림책이 어떤 내용일지 예상해 보고, 책의 디자인이 우리의 예상에 어떤 영향을 주었는지도 말해 봅니다.

이제 그림책을 읽어 줄 차례입니다. 맨 처음 읽을 때는 중간에 멈추는 일 없이 전체 내용을 쭉 읽어 내려갑니다. 아이들에게 이렇게 말하면서 시작하죠. "선생님이 이 책을 읽어 줄게요. 여러분은 들으면서 그림을 읽어 보세요." 글을 읽는 것만큼이나 시각 정보를 읽는 것도 그림책 읽기의 중요한 부분이라는 걸 확실히 알려 주는 거죠.

다시 읽을 때는(두세 번, 때로는 그 이상 읽을 때도 있어요) 중간중간 멈추고 아이들과 이야기를 나눕니다. 글 작가와 그림 작가의 의도가 뭔지, 선과 색상은 어떻게 사용했는지, 어떤 각도에서 그려진 그림인지, 글꼴에서 어떤 인상을 받는지 생각을 나눠 보죠. 글과 그림이 다른 이야기를 하고 있는지 동일한 이야기를 하고 있는지, 이 책이 어떤 분위기를 자아내는지도 곰곰이 생각해 봅니다.

다음은 그림책을 읽으며 아이들과 이야기해 볼 시각 언어 요소입니다.

♫ 선 : 그림에서 어떤 선을 보았나요? 사물의 형태를 그려 낸 선인가요? 곧은 선인가요, 구부러진 선인가요? 선의 스타일이 바뀌어도 그림의 의미는 그대로인가요? 선이 특정한 부분으로 시선을 끌고 가나요? 서로 교차하는 선이 있나요? 어느 지점에서 교차하나요? 캐릭터의 윤곽선에 어떤 특징이 있나요? 선의 굵기, 움직임, 방향도 살펴보면서 무슨 의미인지 생각해 봐요.

♫ 색 : 색은 무언가를 상징하기도 하고 감정과 분위기를 나타내기도 합니다. 효과를 극대화하기 위해 색 사용을 최소한으로 줄이기도 하고, 색다른 느낌을 주려고 색을 물방울처럼 튀기기도 하죠. 색마다 불러일으키

는 감정이 다른데요, 작가 또는 문화와 역사적 맥락에 따라서도 의미나 느낌이 달라집니다. 죽음을 나타내는 색깔은 서양 문화권에서는 검은색이지만 동양 문화권에서는 흰색을 쓰기도 해요. 사랑이나 열정을 나타내는 빨간색이 중국에서는 행운을 상징하기도 하고요. 색상환도 살펴볼까요? 여러 가지 색상을 보면서 어떤 감정을 느끼나요? 비슷한 색과 감정을 다룬 책을 찾아볼까요? 따뜻한 색이 많이 나오는 책과 차가운 색이 주로 쓰인 책을 알고 있나요?

♬ 상징 : 상징과 기호는 줄임말과도 비슷한데요, 원래 뜻과 다른 의미를 드러내기도 합니다. 오페라하우스 같은 아이콘은 도시 이름을 직접 언급하지 않고도 시드니가 배경이라는 사실을 알려 주지요. 그림책 속에 어떤 상징이 보이나요? 그것은 장소를 나타내는 것인가요? 아니면 어떤 개념이나 감정 또는 등장인물에게 닥친 위험을 의미하나요?

♬ 시선 : 그림책 작가는 독자를 어떤 위치에 자리 잡게 합니다. 그리고 그 배치를 바탕으로 이야기에 감정을 부여하지요. 예컨대 저 아래쪽에서 독자를 올려다보는 등장인물에게는 작고 보잘것없다는 느낌을 받습니다.

우리는 독자로서 사건을 정면에서 지켜보기도 하고, 때로는 우리가 등장인물의 시선으로 이야기를 체험하기도 합니다. 지금 어떤 위치에서 그림을 보고 있나요? 거리에 따라 느낌이 달라지나요? 그림 속에서 벌어진 일을 직접 하고 있다고 느끼나요, 떨어져서 지켜본다고 느끼나요? 혼자 있나요, 무리 속에 있나요? 높은 곳에서 바라보는 시선을 찾을 수 있나요? 눈과 눈이 마주치는 시선은 왜 사용했을까요? 마주치는 시선으로 밀착해서 바라보는 기분은 어떤가요? 왜 이런 시선들을 사용해 그림을 그렸을까요?

비주얼 리터러시 지도에 활용할 수 있는 그림책 목록은 끝이 없을 만큼 방대합니다. 글 없는 그림책은 성인 독자까지 겨냥한 정교한 시각적 서사로 이야깃거리를 풍부히 이끌어 내지요. 글과 그림의 비중이 엇비슷한 챕터북도 어린이 독자들이 적극적으로 의미를 만들어 보게끔 유도합니다.

비주얼 리터러시 지도에 유용한 그림책

○ 『늑대가 들려주는 아기돼지 삼형제 이야기』 존 셰스카 글,
레인 스미스 그림, 김경연 옮김, 보림, 1996

○ 『중요한 사실』 마거릿 와이즈 브라운 글, 최재은 그림, 최재숙 옮김,
보림, 2005

○ 『노란 우산』 류재수, 보림, 2007

○ 『그림자 놀이』 이수지, 비룡소, 2010

○ 『싸움에 관한 위대한 책』 다비드 칼리 글, 세르주 블로크 그림,
정혜경 옮김, 문학동네, 2014

○ 『여름의 규칙』 숀 탠, 김경연 옮김, 풀빛, 2014

○ 『위를 봐요!』 정진호, 현암주니어, 2014

○ 『이빨 사냥꾼』 조원희, 이야기꽃, 2014

○ 『텅 빈 냉장고』 가에탕 도레뮈스, 박상은 옮김, 한솔수북, 2015

○ 『가래떡』 사이다, 반달, 2016

○ 『균형』 유준재, 문학동네, 2016

○ 『돼지 안 돼지』 이순옥, 반달, 2016

○ 『지우개』 오세나, 반달, 2018

○ 『나는 개다』 백희나, 책읽는곰, 2019

○ 『모모모모모』 밤코, 향, 2019

○ 『무슨 벽일까?』 존 에이지, 권이진 옮김, 불광출판사, 2019

- 『밀어내라』 이상옥 글, 조원희 그림, 한솔수북, 2019
- 『위대한 아파투라일리아』 지은, 글로연, 2019
- 『검정토끼』 오세나, 달그림, 2020
- 『나는 지하철입니다』 김효은, 문학동네, 2020
- 『321』 마리 칸스타 욘센, 손화수 옮김, 책빛, 2020

비주얼 리터러시 지도에 유용한 글 없는 그림책

- 『빨간 풍선의 모험』 옐라 마리, 시공주니어, 1995
- 『눈사람 아저씨』 레이먼드 브리그스, 마루벌, 1997
- 『여행 그림책』 시리즈 안노 미쓰마사, 한림출판사
- 『이상한 화요일』 데이비드 위즈너, 비룡소, 2002
- 『도착』 숀 탠, 사계절, 2008
- 『파도야 놀자』 이수지, 비룡소, 2009
- 『사자와 생쥐』 제리 핑크니, 별천지, 2010
- 『공룡을 지워라』 빌 톰슨, 어린이아현, 2011
- 『빨강 파랑 강아지 공』 크리스 라쉬카, 지양어린이, 2012
- 『양철곰』 이기훈, 리잼, 2012
- 『머나먼 여행』 에런 베커, 웅진주니어, 2014
- 『시간 상자』 데이비드 위즈너, 시공주니어, 2018
- 『빨강 책 : 우연한 만남』 바바라 리만, 북극곰, 2019

- 『그림이 온다!』 라울 콜론, 아트앤아트피플, 2020
- 『브루노를 위한 책』 니콜라우스 하이델바흐, 풀빛, 2020

비주얼 리터러시 지도에 유용한 그림이 있는 챕터북

- 『초능력 다람쥐 율리시스』 케이트 디카밀로 글, K.G.캠벨 그림, 노은정 옮김, 비룡소, 2014
- 『개꾸쟁』 시리즈 정용환, 고릴라박스
- 『나무집』 시리즈 앤디 그리피스 글, 테리 덴톤 그림, 신수진 옮김, 시공주니어
- 『명탐정 셜록 샘』 시리즈 A.J. 로우 글, 앤드류 탄 그림, 이리나 옮김, 한솔수북
- 『빅 네이트』 시리즈 링컨 퍼스, 노은정 옮김, 비룡소
- 『윔피 키드』 시리즈 제프 키니, 김선희·지혜연 옮김, 아이세움
- 『이사도라 문』 시리즈 해리엇 먼캐스터, 심연희 옮김, 을파소
- 『코드네임』 시리즈 강경수, 시공주니어
- 『하이에나 패밀리』 시리즈 줄리언 클레어리 글, 데이비드 로버츠 그림, 손성화 옮김, 시공주니어

10
미래를 위한 읽기

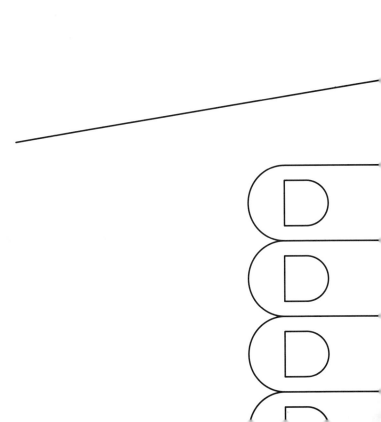

지속가능성과 자연

아이들이 균형 잡힌 교육을 받기를 원한다면, 지속가능한 미래와 자연은 독서와 당연하게 연결되는 주제입니다. 아이들이 흙투성이가 되어 자연 속에서 뛰놀며 어떻게 지구를 보살필지 배워 가는 모습을 보면 참으로 행복하지요. 벌을 관찰하고 나뭇잎을 모으고 곤충을 연구하고 진흙 파이를 만드는 시간은 유년기에 꼭 필요합니다. 자연 속에서 빈둥거리며 이리저리 탐색하는 걸 좋아하지 않는 아이는 거의 못 본 것 같군요. 마찬가지로, 자기에게 꼭 맞는 책을 좋아하지 않는 아이도 본 적이 없어요. 아름다운 자연을 누릴 기회가 모두에게 주어지는 건 아니지만, 어린 시절에 적절한 책과 경험을 만난다면 아이들은 지속가능한 미래와 자연에 깊은 관심을 갖게 될 겁니다.

지구의 생명들은 지금 심각한 상황에 처해 있습니다. 지구의 유한한 자원이 곧 고갈되리라는 우려도 커져 가지요. 훌륭한 책은 여러 이슈를 자연스레 일깨워 주며 우리에게도 아이들에게도 긍정적인 변화를 일으키는 촉매제 역할을 합니다. 희망과 기쁨, '변화를 만들어 간다'는 가능성도 선물하지요.

지속가능성을 간단히 정의해 보면 '충분히, 영원히, 누구에게나'라고 말할 수 있을 겁니다. 미래 세대를 위해 지구와 자원을 지켜 내고 지구에 사는 모든 사람들과 나누자는 뜻이죠. 사회적 정의와 공정성이라는 감각을 지니고 살아야 한다는 뜻이기도 하고요. 더 넓게 보면, 우리는 자연 환경에 의존해 살아갑니다. 지속가능성은 궁극적으로 우리가 원하는 것을 무리 없이 얻기 위해서 자연을 돕는 겁니다. 자원과 환경이 제공하는 서비스가 미래에도 지속되게끔 관리하려면 우리 행동양식을 바꿔야 한다는 거죠.

그렇다면 아이들에게 환경 문제와 지속가능하게 사는 법을 소개할 만한 적당한 시기는 언제일까요? 유아도 지속가능성의 기본 원리를 이해합니다. 과일 껍질은 퇴비나 벌레의 먹이가 되니까 신경 써서 버리고, 곤충을 채집해서 관찰하고 나면 반드시 서식지로 되돌려놓아야 한다는 사실을 잘 알지요. 아이들은 어른들이 하는 얘기나 텔레비전에서 가뭄, 홍수, 공해, 빈곤, 분쟁 및 여러 환경과 사회 이슈를 스치듯 듣게 됩니다. 아이들에게 적절한 책을 제공해 이해를 도울 때 꼭 암울하고 절망적인 분위기가 될 필요는 없습니다. 오히려 유쾌하게 지구를 보살피는 문제 해결사, 행동가가 되게끔 동기를 부여해야겠죠.

특정 환경 문제를 다룬 실태 보고 형식의 책도 많이 나와 있고 유용하지만, 저는 지속가능성과 자연을 보다 넓은 이야기에 짜 넣은 픽션이나 논픽션에서 더 많은 것을 얻으리라고 생각합니다. 이야기는 꿀처럼 끈적끈적하기에 마음에 착 달라붙거든요. 집에서 할 수 있는 재활용 정보를 나열한 책과 사랑에 빠질 어린이는 거의 없을 거예요(어른도요). 하지만 사랑스러운 캐릭터가 나와서 '엄마가 우유팩 재활용하게 만들기' 미션을 수행한다면? 이런 이야기라면 아이든 어른이든 마음속에 아로새겨질 가능성이 높겠지요.

호주 브리즈번의 퀸즐랜드공과대학교에서 유아와 초등학생을 위한 예술과 지속가능성에 초점을 맞춰 연구와 글쓰기를 병행하는 린달 오고먼 박사의 이야기를 들어 보시죠.

수천 년 동안 예술은 환경과 사회 문제를 조명하는 데 중요한 역할을 해 왔습니다. 피카소는 「게르니카」로 스페인 내전의 끔찍함을 전 세계에 알렸고, 현대 미술가 크리스 조던의 홈페이지에 전시된 사진들은 인간의 행위가 지구를 어떻게 망치는지 생생히 보여 줍니다. 외면하고 싶으리만큼 충격적이죠. 베일에 싸인 영국의 거리 예술가 뱅크시는 세계 곳곳에 벽화를 그리며 '사회정의란 무엇인가'라는 아픈 질문을 던집니다. "그림은 천 마디 말과도 같다"라는 말은 예술이 우리가 세계를 보는 방식을 바꾼다는 뜻입니다.

미술관과 그림책, 하물며 길거리 예술마저 아이들에게 지속가능한 삶을 가르쳐 줍니다. 요즘은 어린아이들도 충격적인 이미지를 피하기 어렵습니다. 뉴스는 빈곤에 시달리는 어린이, 전쟁에 파괴된 보금자리, 환경오염의 직격탄을 맞은 야생동물과 자연환경 같은 장면으로 가득합니다. 아이들은 자기가 알게 된 바를 예술로 표현해 주변에 알릴 수 있습니다. 아이들은 우리 생각보다 더 많은 것을 알고 있다니까요! 예술은 아이들이 커다란 이슈에 대한 자기 생각과 감정을 표현하는 언어가 되어 줍니다. 아이들이 직접 큰 이슈에 대해 이야기를 나누고, 나눈 생각을 문학을 통해 탐구하고, 생각한 것을 시각적으로 표현할 수 있도록 시간적·공간적 여유를 충분히 준다면 아마 놀라운 일이 벌어질 겁니다.

예를 들어, 아이가 나뭇잎 하나를 관찰해서 그릴 시간이 있다면 아이는 나뭇잎의 가치를 알아보고 감상할 줄 알게 됩니다. 이는 곧 사랑으로 이어지고, 사랑하게 되면 보호하고 싶어지죠. 잎에서 나무, 나무에서 숲까지요. 저는 지속가능성이란 수요일 오후에 30분쯤 시간 내서 잠깐 하는 그런 것이 아니라고 생각합니다. 우리가 아이들과 의미 있는 시간을 보낸다면 우리는 아이들이 세상을 달리 보게끔 돕는 축복받은 역할을 하고 있는 겁니다. 그 세상이란 나뭇잎일 수도, 거름통일 수도, 지구 반대편에 있는 나라일 수도 있겠죠. 어린이 문학은 지속가능성과 사회 정의에 대한 대화를 시작하는 탁월한 출발점입니다. 문학은 우리가 세상을 다른 사람의 관점으로, 나아가 새로운 방식으로 보게 하기 때문입니다. 새로운 관점은 뭔가 행동을 하고 싶다는 욕망을 품게 하지요. 또 아이들이 세상을 달리 보도록 돕다 보면 우리도 세상을 다르게 보게 됩니다.

지금, 그 어느 때보다도 세상은 우리가 바뀌길 간절히 기다리고 있습니다. 세상을 보는 방식, 그 속에서 사는 방식, 세상을 위해 목소리를 높이는 방식을 바꿔 주기를요.

미래 세대를 위해 지구를 좀 더 나은 모습을 남겨 주길 열망한다면 우리는 이제 의식적으로 살아가고, 우리가 속한 자연을 위해 목소리를 내야 합니다. 우리가 먼저 하면 아이들에게도 그 열정이 전염되겠죠.

지속가능성을 위한 읽기

이야기는 아이들이 행동을 바꾸는 방법을 배우고 실천에 옮기게 하는 가장 좋은 도구입니다. 재활용 이야기를 읽은 네 살 아이는 여러분이 요구르트 용기를 분리배출하지 않는다고 나무랄 거예요. 특정 주제를 읽고 새로운 것을 배워서 자신의 행동을 바꾸고 주변 사람까지 변화시키는 것, 이것이 바로 지속가능성과 자연을 주제로 한 책이 독자에게 바라는 일입니다. 재활용이야 이제 완전히 정착했지만, 막대한 비용을 들여 행동 변화를 가져오려는 행정적 시도가 계속되고 있으며 실패 사례도 많습니다. 지속가능한 방식으로 자연과 공존하려면 우리는 많은 과제를 풀어 나가야 합니다. 그래서 문학과 독서가 더욱 귀중하게 다가옵니다. 책을 읽으며 아이들은 야생에서의 모험과 새로운 아이디어와 영감을 얻고, 동시에 지역 공동체와 사회를 위해 우리가 사는 방식이 과연 옳은지 돌아보게 됩니다.

실생활 경험이 문학과 만나면 우리는 배움이 실천

으로 바뀌는 근사한 변화를 보게 됩니다. 몇 년 전에 우리 학교 '지구의 천사들' 동아리 아이들이 장기적인 학교 지속가능성 운동을 벌이며 학교 친구들에게 침 없는 호주 토종벌 두 종류를 소개했답니다. 이 프로젝트를 위해 우리는 도서관에 벌과 양봉에 관한 많은 책을 갖춰 놓았죠. 전문 양봉가를 위한 책에서부터 유치부~저학년 아이들을 위한 그림책과 논픽션, 벌이 주인공 또는 비중 있는 역할을 하는 고학년용 이야기책까지 다양하게 마련했어요. 우리의 목표는 학습 자료 제공을 넘어 우리가 기르는 벌에 '이야기를 부여하는 것'이었습니다. 호기심과 상상력에 불을 지펴 우리의 벌집과 벌 한 마리 한 마리에게 벌어지는 이야기를 만들어 보고자 했죠. 여러 청소년문학상을 수상한 작가 브렌 맥디블의 『벌이 되고 싶은 걸』의 배경은 극심한 환경오염으로 벌이 멸종되어 가는 미래입니다. 디스토피아적 분위기 속에서 지속가능성과 자연이라는 주제로 손에 땀을 쥐게 하는 이야기가 펼쳐지는 이 책은 학교에서 선풍적인 인기를 끌었습니다. 이 책을 읽고 나면 벌이 예전과는 완전히 다르게 보여요! 벌집을 지나가면서 고개 숙여 인사하고 싶어질걸요?

지속가능한 미래와 자연을 이야기하는 책

○ 『지구를 구한 꿈틀이사우루스』 캐런 트래포드 글, 제이드 오클리 그림, 이루리 옮김, 현암사, 2003

○ 『투발루에게 수영을 가르칠 걸 그랬어!』 유다정 글, 박재현 그림, 미래아이, 2008

○ 『내가 조금 불편하면 세상은 초록이 돼요』 김소희 글, 정은희 그림, 토토북, 2009

○ 『안녕 폴』 센우, 비룡소, 2014

○ 『숲에는 길이 많아요』 박경화 글, 김진화 그림, 창비, 2018

○ 『그림자 하나』 채승연, 반달, 2018

○ 『세상을 바꾸는 50가지 작은 혁명』 피에르도메니코 바칼라리오·페데리코 타디아 글, 안톤지오나타 페라리 그림, 김현주 옮김, 썬더키즈, 2019

○ 『검정 토끼』 오세나, 달그림, 2020

○ 『라면을 먹으면 숲이 사라져』 최원형 글, 이시누 그림, 책읽는곰, 2020

○ 『바다의 생물, 플라스틱』 아나 페구·이자베우 밍뇨스 마르칭스 글, 베르나르두 카르발류 그림, 이나현 옮김, 살림어린이, 2020

○ 『멸종 위기 동물들』 제스 프렌치 글, 제임스 길러드 그림, 명혜권 옮김, 우리동네책공장, 2020

○ 『할머니의 용궁 여행』 권민조, 천개의바람, 2020

11
마음챙김 읽기

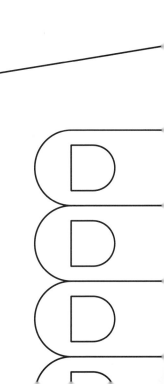

지금, 여기, 천천히, 깊이

'마음챙김', 요즘 널리 유행하는 말이죠. 마음챙김은 제가 기꺼이 지지하는 트렌드입니다. 숨 가쁘게 돌아가는 우리 사회의 해독제랄까요. 우리는 '지금, 여기'에 감각을 집중한 채 오가는 생각과 감정을 차분히 받아들일 시간이 없어요. 잠시 숨 돌릴 틈도 없이 쳇바퀴 속을 달리는 기분도 종종 듭니다.

마음챙김을 처음 알려 주신 분은 제 아버지입니다. 아버지는 뇌 훈련의 장점을 설파하고 다니며 마음챙김에 열중하셨죠. 테러리즘 같은 폭력적인 극단주의를 연구하는 교수인데도 세계의 끔찍하게 어두운 부분을 평생 연구해 왔다고는 믿기지 않을 만큼 대단히 평온한 분이었어요.

저에게 마음챙김은 집중력과 실존 능력을 키워 주는 방식이에요. 때로는 아름다운 책 속에 깊이 빠져 있을 때 마음챙김 상태로 흘러들어 가기도 해요. 그러면 바쁜 하루 중에도 평온한 시간을 얻죠. 마음챙김은 주의력 향상과 뚜렷한 연관성이 있으며, 작업 기억과 뇌 기능도 향상시킵니다. 마음챙김 훈련은 주의력결핍장애 어린이 치료에도 쓰이고, 최근 연구 결과에 따르면 난독증과 읽기 장애 학생들에게도 잠재적인 효과가 있다고 합니다. 독서에 마음챙김 기술을 적용하면 읽기의 속도를 늦추고, 건너뛰지 않고 텍스트를 차분히 따라가게 되기 때문입니다.

독자들이 텍스트를 읽고 문학에서 의미를 찾아내려면 지속적인 집중력, 언어에 담긴 뉘앙스를 곱씹으며 이해할 시간이 필요하죠. 이런 읽기 과정을 깊이 읽기, 느리게 읽기 혹은 마음챙김 읽기라고 부릅니다. 훑어 읽기, 골라 읽기, 밑줄 긋고 메모하며 읽기, 멀티태스킹 읽기와는 달리 마음챙김 읽기는 지금 이 순간에 집중하는 능력이 필요한 방식입니다. 주변이나 내부에서 일어나는 어떤 일에도 신경 쓰지 않고, 지금 여기에는 오로지 나와 책만 존재하게요.

몰입해서 읽기

독서광이라면 다들 책에 완벽히 몰입해 몇 시간이 훅 지나가 버린 경험이 있을 거예요. 미하이 칙센트미하이에 따르면 몰입이란 '어떤 행위에 완전히 빠져들어 무아지경에 이른 상태'입니다. 그 행위와 완벽히 하나가 되어 다른 것은 의식하지도 않고 실패를 걱정하지도 않죠. 피아니스트는 피아노가, 정원사는 땅이 됩니다. 독자는 책 그 자체가 되지요.

다음은 마음챙김을 연구하고 가르치는 조지나 매닝의 이야기입니다.

"빨리 휴가 가서 책 속에서 길을 잃고 싶다." 이런 말 많이 하시죠. 그런데 '길을 잃을' 때까지 휴가만을 기다려야 되는 건지 좀 의아해져요. 다른 일을 멈추고 책을 읽으려면 누군가의 허락이라도 필요한 걸까요. 급박하게 흘러가는 멀티태스킹 사회를 살아가는 우리에게 '책 속에서 길 잃기'란 다른 일을 모두 하고 나서야 허락되는 사치인가 봐요.

무엇이 우리를 좋은 이야기에 빠져들지 못하게, 내 마음에 집중하지 못하게 만드는 걸까요? 멀티태스킹 세상에 압도되어 그냥 '있는' 법을 잊어버린 걸까요? '하는' 모드가 아니라 그냥 '있는' 모드일 때 우리는 지금 이 순간에 몰입할 수 있습니다. 머릿속에 할 일을 끊임없이 불러온다면 마음의 휴식도 재충전도 불가능합니다.

독서는 '있는' 모드에 들어가는 가장 손쉬운 연습입니다. 독서는 우리를 지금 이 순간으로 데려오고, 우리 몸의 스트레스 반응을 활성화시키는 걱정과 해야 할 일로부터 멀리 떼어 놓죠. 독서처럼 충분히 이완되고 채워지는 활동에 몰두하면 보통은 스트레스 반응 스위치가 꺼지면서 몸도 마음도 편안하고 평온한 상태로 접어듭니다. 자꾸 경험하고 연습하다 보면 우리 뇌에는 새로운 신경 전달로가 만들어집니다. 일상에서 다른 일을 할 때에도 마음챙김 모드로 자연스럽게 통하게 되지요.

잠자리에서 책을 읽는 것도 '길을 잃는' 방법입니다. 잠들기 전에 모바일 기기를 보는 시간이 크게 늘었죠.

우리 뇌에 치명적 영향을 끼치는 유행병입니다. 특히 아이들의 뇌는 성장하는 중이므로 날마다 휴식하고 그저 노는 시간이 필요합니다. 긴장을 서서히 풀어 가며 깊은 잠에 빠져야 하는데, 화면을 보다가 잠이 들면 자면서도 흥분 상태일 수밖에 없습니다. 수면의 질이 크게 떨어지지요. 독서는 잠들기 전에 뇌를 천천히 이완시키는 가장 효과적인 행위입니다. 2주 동안 시험 삼아 잠들기 한 시간 전부터 스크린을 멀리하고, 적어도 30분 이상 책을 읽어 보세요. 분명 몸과 마음이 달라져 있을 겁니다.

마음챙김 읽기 연습

♫ 방해받지 않고 온전히 독서에 집중할 수 있는 시간을 고르세요.

♫ 흥미롭지만 정신이 소진되지 않을 만할 책을 고르세요. 전자책은 여러 가지 옵션 때문에 집중력을 방해할 수 있으니 종이책이 나을 거예요.

♫ 책의 무게, 종이의 색깔, 글자 크기, 페이지 안에서 흘러가는 글자의 모습 등 종이책의 물성에 주의를 집중

해 보세요.

♫ 책을 읽는 그 시간에 최대한 오랫동안 머물러 보세요.

마음챙김 연습을 돕는 책

○ 『세 가지 질문』 레프 니콜라예비치 톨스토이 원작, 존 J.무스,

김연수 옮김, 달리, 2003

○ 『천천히 걷다 보면』 게일 실버 글, 크리스틴 크뢰머 그림,

문태준 옮김, 불광출판사, 2011

○ 『'아무것'도 '무엇'인가요?』 틱낫한 글, 제사카 매클루어 그림,

김미리 옮김, 이숲, 2015

○ 『달을 줄 걸 그랬어』 존 J.무스, 천미나 옮김, 담푸스, 2016

○ 『소리 산책』 폴 쇼워스 글, 알리키 브란덴베르크 그림, 문혜진 옮김,

불광출판사, 2017

○ 『게으를 때 보이는 세상』 우르슐라 팔루신스카, 이지원 옮김,

비룡소, 2018

○ 『가만히 들어주었어』 코리 도어펠드, 신혜은 옮김, 북뱅크, 2019

○ 『나의 첫 질문 책』 레오노라 라이틀, 윤혜정 옮김, 우리학교, 2020

○ 『소년과 두더지와 여우와 말』 찰리 맥커시, 이진경 옮김,

상상의힘, 2020

12
다양성 읽기

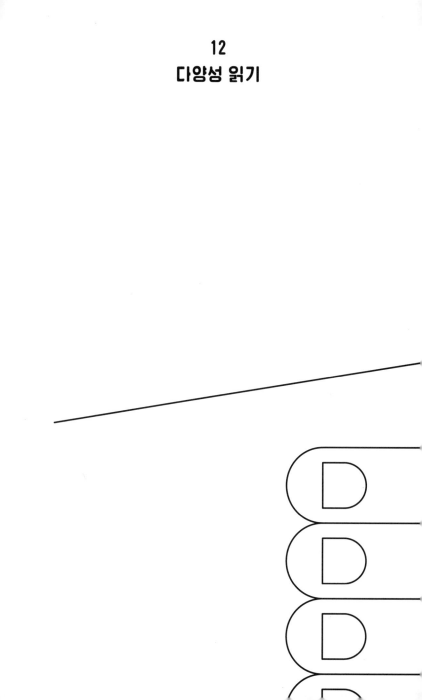

우리에겐 다양한 책이 필요하다

문학 작품에 다양성을 드러내고 반영하는 것은 대단히 중요합니다. 아이들은 타인의 삶을 읽으며 공감 능력을 키우고, 그 속에서 자신과 닮은 모습을 만날수록 다른 이야기도 더 찾아보려 하지요. 호주에서는 차별과 다양성 부재를 반대하며 포용성을 외치는 여러 운동이 벌어지고 있습니다. We Need Diverse Books(우리에겐 다양한 책이 필요하다)*는 어린이와 청소년의 여러 삶을 반영하는 작품을 더 많이 출간하게끔 출판계의 변혁을 촉구하는 단체입니다. 최근 십여 년간 이런 변화에 가속도가 붙었지만, 다양성을 다루는 책이 더 많이 나와야 합니다.

　　다양한 문화적 배경을 지닌 등장인물을 접하는 어린이 독자에게는 다문화 감수성이 자연스레 스며듭니다. 전 세계의 다양하고 풍성한 문화를 알아 가는 즐거움을 맛보려면 어릴 때의 경험이 중요할 수밖에 없어요. 오랜 기간 출판 시장을 장악해 온 유럽과 미국 작품들 너머에 조금씩 아시아, 아프리카, 남미의 이야기가

---

*　　인종 차별을 다룬 앤지 토머스의 베스트셀러 청소년소설 『당신이 남긴 증오』는 60번의 거절을 당한 끝에 이 단체에서 주는 상을 받으며 빛을 보게 되었습니다.

등장하는 것을 보면 정말 기쁩니다.

중국 이름을 가졌거나 부모님이 이란에서 왔거나 인도에 사는 등장인물을 책에서 만나며 아이들은 평생 못 할 경험을 하는 셈이죠. 책 속에 담긴 다양성은 독자들이 다른 문화를 '논쟁거리'로 느끼는 대신 넓은 마음으로 받아들이는 공간을 만들어 냅니다. 영리한 작가들은 대놓고 말하는 대신 독자들이 생각할 만한 거리를 줄거리 속에 슬그머니 집어넣지요. 아이들은 책에서 다른 사람의 발자취를 따라가 보면서 그 사람의 존재를 생생히 느끼고 공감하게 됩니다. 훌륭한 문학 작품은 아이들에게 포용과 연결에 대한 은근하면서도 강력한 메시지를 전합니다.

새로운 언어와 다른 관습에 적응하느라 힘겨운 이주민 아이들은 그림책 한 페이지에서 싱긋 웃어 주는 자신과 비슷한 얼굴을 만날 수 있어야 합니다. 장애를 가진 아이들은 자기 삶의 이야기가 가치 있다는 사실, 혼자가 아니라는 사실을 알아야 하고요. 성 정체성 때문에 힘겨운 아이들, 인종 차별이나 왕따를 당하는 청소년에게는 비슷한 등장인물이 긍정적으로 그려진 이야기가 절실히 필요합니다. 그런 캐릭터를 얼마나 현실적으로 묘사하느냐가 관건이고요.

　다양한 피부색, 인종, 장애, 성 정체성을 가진 사람들이 책이라는 형식으로 자기 목소리를 내면 독자들은 신뢰감을 느낍니다. 작가 본인의 이야기가 아니라면 이런 주제는 더욱 민감하게 다뤄야겠죠. 누구나 쓰고 싶은 걸 쓸 자유가 있지만, 거기에는 반드시 진심과 진실을 담아내야 합니다.

원주민의 목소리

이번에는 호주 원주민 어린이문학에 커다란 관심과 애정을 지닌 데스 크럼프와 미셸 위디먼 크럼프 부부의 이야기를 들어 볼게요. 자랑스러운 가밀라로이* 사람인 데스는 퀸즐랜드주립도서관의 원주민 언어 연구원이며 미셸은 사서 교사랍니다.

호주 어린이 문학은 원주민 문화까지 포함합니다. 하지만 '타당'하거나 '가치 있다'기보다는 '다르'거나 '바깥'이라는 이미지를 재확인하는 이야기가 많아 보이는군요. 최근에는 도시의 원주민 이야기가 많이 나오면서 동떨어진 공동체 묘사와 허황된 줄거리가 더욱 득세하고 있고요.

학교에 원주민 어린이 문학을 구비하고 비원주민 아이들에게도 읽혀야 하는 이유는 우리가 공유한 역사 때문입니다. 그런데 아쉽게도 이 역사는 비원주민의 목소리로 이야기되는 경우가 더 많습니다. 이제 정말 제

★ 호주 본토 원주민인 에보리진 가운데 큰 비중을 차지하는 종족입니다. 호주 원주민은 크게 에보리진과 토레스해협인, 태즈매니아인으로 나뉘는데 태즈매니아인은 백인에게 거의 절멸된 상태입니다.

대로 된 역사를 이야기할 때이자 원주민 스스로 자신의 역사를 이야기할 때입니다.

어린이에게 원주민 작가를 알리는 까닭은 다양성 때문만은 아닙니다. 세상을 보는 시선에 진실성을 부여하고 자신의 삶 너머까지 보게끔 하기 위해서죠. 호주 원주민의 삶과 이야기는 그들을 둘러싼 세상을 반영하며 끊임없이 변화합니다. 이야기는 선입견 그리고 시간에 박제된 역사적 순간을 넘어서야 합니다. 호주 원주민의 삶과 정체성은 정부 정책과 미디어가 만든 편견에 의해 결정되어 왔죠.

원주민 작가이자 학자·사회운동가인 토니 버치는 비원주민 작가가 원주민 이야기를 쓸 때는 정확하고 사실적인 원주민 캐릭터를 만들어 내야 한다고 강조합니다. 상투적인 이미지만 그려 내지 말고, 원주민 이슈에 대한 모든 것을 보고 듣고 조사해서 써야 한다고요. 또 원주민의 일상을 몸소 겪어 보면 더욱 정교하고 균형 잡힌 캐릭터를 창조할 수 있을 거라고 덧붙였죠. 작가 게일 케네디와 아니타 헤이스는 원주민 문학이 여타 문학과 동질화되어도, 마이너 취급을 받아서도 안 된다고 강조했습니다. 원주민 문학 또한 문학이 제공해야 하는 풍성한 다양성 속에 자리 잡아야 합니다.

호주 원주민 이야기를 담은 작품

○ 『토끼 울타리』 도리스 필킹턴, 김시현 옮김, 황금가지, 2003

○ 『니웅가의 노래』 샐리 모건, 고정아 옮김, 중앙북스, 2009

○ 『난베리』 재키 프렌치, 김인 옮김, 내인생의책, 2018

나만의 목소리

SF와 판타지를 쓰는 청소년 작가 코린 듀이비스가 시작한 #나만의목소리(#Ownvoices) 운동은 주변인 스스로 주변인이 주인공인 이야기를 써 나가자는 운동입니다. 작가도 캐릭터도 배경도 백인과 기독교 위주인 문학의 흐름에서 벗어나자는 것이죠.

저는 여중생들이 한창 윌 코스타키스에게 열광할 때 그를 처음 만났어요. 아이들이 『세 번의 용기』The First Third와 『롤라 미워하기』Loathing Lola를 읽고 윌과 셀카를 찍고 싶어 하던 때였죠. 윌은 『사이드킥스』The Sidekicks 출간과 함께 팬들에게 자신이 동성애자라고 밝히고 자신의 이야기를 하기 시작했습니다. 윌에게 '나만의 목소리'란 어떤 의미였을까요.

작가 자신의 정체성과 경험이건, 작품 속 캐릭터의 이야기건 문학에서 다양성을 포용하는 문제에서 우리는 올바른 방향으로 나아가고 있습니다. 성큼성큼 걸어가

거나 뛰어가거나 이미 도착했다고 말할 수 있으면 좋겠지만, 아무튼 가고는 있어요.

우리는 아마 무의식 중에 '수용'이라는 말을 모두 다르게 이해하고 있을 거예요. 10대 독자들에게 그리스계 호주인으로 자라 온 경험은 최대한 나눠 달라고 하면서도 게이로서 성장한 경험은 되도록 언급하지 말라고 주장하는 분들이 있어요. 두 가지 경험 모두 동등하게 저라는 사람을 만들고 작품에도 영향을 미쳤는데 말입니다.

몇 년 전에 제 청소년 소설 『세 번의 용기』를 읽은 여학생들과 만나는 자리에서 있었던 일입니다. 제가 교실에 들어서자 선생님이 넌지시 말씀하시더군요. 동성애자 캐릭터인 스틱스 얘기는 하지 말아 달라고요. 참으로 놀라운 요구였지만 존중해 드렸죠. 저는 제 책에서 가장 중요한 캐릭터를 전혀 언급할 수 없었어요. 당시 저는 정체성을 숨기는 게이였습니다. 스틱스를 감추는 건 커리어를 지키기 위해 제 소중한 경험의 가치를 깎아 내리는 행동이었습니다.

이야기를 마칠 무렵 학생들에게 가장 좋았던 캐릭터가 누구냐고 물었어요. 제 할머니를 모델로 삼은 캐릭터 '이야이야'라는 대답을 예상했죠. 그런데 한 학생이 '스틱스'라고 말하더군요. 저는 금기된 영역에서 자연스레 벗어나려고 이번에는 가장 좋았던 장면을 물었죠. 같은 학생이 또 손을 들더니, 스틱스가 친구에게 첫 경험을 설명해 주는 부분이라고 대답했어요. 다른 학생들도 고개를 끄덕였고요.

정말 벅찬 순간이었어요. 아마도 이성애자일 10대 소녀들이 왜 성 정체성 때문에 힘들어하는 게이 소년에게 공감을 느꼈던 걸까요. 예상 가능한 대답이 돌아오더군요. "덕분에 제 친구 샘을 좀 더 이해할 수 있었어요."

우리는 다양성 문학이 책 속에서 자기 자신을 발견한 사람들에게만 영향을 미치는 것처럼 이야기했죠. 맞아요. 그 영향은 엄청납니다. 고등학교 영어 시간에 셰익스피어의 소네트 20번에서 동성애에 관한 내용을 접한 순간, 나 자신을 직면한 기분이었어요. 내 경험을 정확히 반영했기 때문이 아니라, 셰익스피어가 동성애에 관한 글을 쓸 수 있었다면 내가 그런 삶을 살아가도 문제없는 게 아닐까 하는 생각이 들었기 때문이었죠. 나중에 알게 된 거지만 그 시를 읽고 게이 학생 3명만

자기 자신을 발견한 게 아니었어요. 다른 학생 20여 명도 게이 친구를 조금 더 이해하게 되었죠.

다양성 문학은 공감 능력을 키워 줍니다. 청소년 독자는 호기심이 많아요. 타인을 알고픈 갈망이 있지요. 어른들의 불안과 상관없이 아이들은 호기심을 충족시킬 내용을 찾아낼 겁니다. 집이나 도서관에 없다면 온라인에서 검색하겠죠.

커밍아웃한 뒤로 저는 #나만의목소리 운동의 중요성을 깨달았어요. 제 작품은 대부분 좋은 반응을 얻어 왔는데 특히 다양성을 드러내기 때문이었죠. 그런데 커밍아웃을 하고 나자 제 글이 다르게 보이나 봐요. 사람들은 동성애자가 쓰는 동성애자 이야기보다 이성애자가 쓰는 동성애자 이야기를 더 편하게 받아들이는 모양이에요. 이성애자로 여겨졌던 윌 코스타키스는 학교에 강연자로 초대받았지요. 게이 캐릭터는 언급하지 말아 달라는 요청을 종종 받았지만요. 동성애자 윌 코스타키스가 쓴 책은 이제 고등학생이 읽기에 부적합한 책이 되었죠. 일탈 행위나 정치 행위를 선동하는 책처럼요. 똑같은 책인데 말입니다.

이성애자로서 현실 세계의 다양성을 작품에 반영하는

것은 아무 문제가 없어요. 하지만 제 정체성을 드러내고 나자 그것은 아슬아슬한 줄타기가 되어 버렸죠.

커밍아웃의 후유증이 없는 사회에서는 #나만의목소리 운동이 그리 중요하지도 않을 거예요. 글이 좋고 취재도 충실하고 메시지도 좋다면 누가 뭘 쓰건 상관없으니까요. 하지만 그런 공동체는 존재하지 않습니다. 아직까지는요.

우리가 만들어 나가야죠.

나만의 목소리를 담은 책

○ 『나는 입으로 걷는다』 오카 슈조 글, 다치바나 나오노스케 그림, 고향옥 옮김, 웅진주니어, 2004

○ 『보트』 남 레, 조동섭 옮김, 에이지21, 2009

○ 『사이공에서 앨라배마까지』 탕하 라이 글, 흘날린 그림, 김난령 옮김, 한림출판사, 2013

○ 『당신이 남긴 증오』 앤지 토머스, 공민희 옮김, 걷는나무, 2018

○ 『우리는 코다입니다』 이길보라·이현화·황지성, 교양인, 2019

○ 『교복 위에 작업복을 입었다』 허태준, 호밀밭, 2020

○ 『엘 데포』 시시 벨, 고정아 옮김, 밝은미래, 2020

소수자의 이야기를 담은 책

○ 『우리 누나』 오카 슈조 글, 카미야 신 그림, 김난주 옮김, 웅진주니어, 2002

○ 『완득이』 김려령, 창비, 2008

○ 『맛깔스럽게, 도시락부』 범유진, 살림Friends, 2017

○ 『첫사랑은 블루』 베키 앨버탤리, 신소희 옮김, 돌베개, 2017

○ 『산책을 듣는 시간』 정은, 사계절, 2018

○ 『곰의 부탁』 진형민, 문학동네, 2020

○ 『그래도 넌 내 친구!』 제시카 월턴 글, 두걸 맥퍼슨 그림, 황진희 옮김, 여유당, 2020

○ 『멋진 하루』 패트릭 네스, 홍한별 옮김, 양철북, 2020

○ 『오, 사랑』 조우리, 창비, 2020

○ 『우리 형은 제시카』 존 보인, 정회성 옮김, 비룡소, 2020

○ 『우린 괜찮아』 니나 라쿠르, 이진 옮김, 든, 2020

터전을 잃은 아이들

난민 지원 활동을 하신 부모님 덕분에 어린 시절에 저는 다양한 국적을 가진 아이들과 뛰어놀 수 있었습니다. 믿기 힘든 특혜였어요. 이란에서 온 푸란네 가족하고는 지금도 각별한 사이랍니다. 푸란 덕분에 페르시아 음식을 엄청 좋아하게 됐고요. 고향을 떠나 먼 곳에 와서 살기가 얼마나 힘들지는 어린 저도 충분히 알 수 있었죠. 이 용감한 사람들에게 최선을 다해 따뜻한 친구가 되어 주고 싶었어요.

지금 자라나는 어린이들은 난민에게 더 깊은 이해와 공감을 품고 미래를 맞이했으면 하는 마음이에요. 저희 집처럼 난민과 직접 관련된 가정은 드물겠지만, 좋은 문학 작품을 읽는다면 아이들은 난민이나 이민자 친구들이 직면한 문제를 이해해 나갈 수 있을 겁니다. 책을 통해 다양성을 접하고 논하면서 아이들은 스스로 공감 능력을 키워 갑니다.

터전을 잃은 사람들 이야기

○ 『소년, 떠나다』 레베카 영 글, 맷 오틀리 그림, 장미란 옮김,
한울림어린이, 2016

○ 『긴 여행』 프란체스카 산나, 차정민 옮김, 풀빛, 2017

○ 『먼 데서 온 손님』 안트예 담, 유혜자 옮김, 한울림어린이, 2017

○ 『탈출 : 나는 왜 달리기를 시작했나?』 마렉 바다스 글, 다니엘라
올레즈니코바 그림, 배블링북스 옮김, 산하, 2017

○ 『내 이름은 난민이 아니야』 케이트 밀너, 마술연필 옮김,
보물창고, 2018

○ 『또 다른 연못』 바오 파이 글, 티 부이 그림, 이상희 옮김, 밝은미래,
2018

○ 『로힝야 소년, 수피가 사는 집』 자나 프라일론, 홍은희 옮김,
라임, 2018

○ 『마르완의 여행』 파트리시아 데 아리아스 글, 라우라 보라스 그림,
이선영 옮김, 불의여우, 2018

○ 『제노비아』 모르텐 뒤르 글, 라스 호네만 그림, 윤지원 옮김,
지양어린이, 2018

○ 『징검다리』 마그리트 루어스 글, 니자르 알리 바드르 사진,
이상희 옮김, 이마주, 2018

○ 『같은 시간 다른 우리』 소피아 파니두 글, 마리오나 카바사 그림,
김혜진 옮김, 다림, 2020

○　　『우리는 난민입니다』 말랄라 유사프자이·리즈 웰치, 박찬원 옮김,
　　　문학동네, 2020

○　　『지중해』 아민 그레더, 내인생의책, 2020

13
삶의 어두운 면 읽기

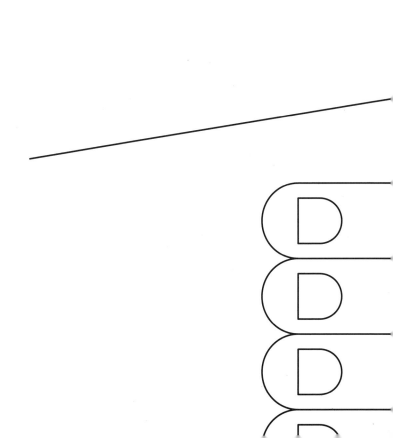

어둠 속을 지나가는 아이들에게

제 가족도 여러 차례 '어둠'을 겪어 왔습니다. 2012년 자유로운 영혼과 따뜻한 마음을 가진 남동생이 세상을 떠났어요. 크나큰 충격에 삶이 뿌리째 흔들린 우리는 오랫동안 갈피를 잡지 못하고 헤맸습니다. 2017년에는 아름답고 다재다능한 이모가 돌아가셨고, 불과 몇 주 뒤에 남편 댄이 심장마비로 잠결에 세상을 떠났습니다. 아이들은 일어나자마자 아빠가 돌아가셨다는 소식을 들어야 했고 저는 제 반쪽을 잃었죠. 다행스럽게도 서로 의지할 수 있는 끈끈한 가족이 있고 힘이 되어 주는 이웃도 있었지만, 그 어둠 속을 지나는 것은 오롯이 혼자서 감당해야 할 여정이었습니다.

저희 집안에는 아이가 많아요. 삶의 어두운 면을 알게 된 아이들을 생각하면 슬퍼지지만, 살다 보면 어쩔 수 없이 겪어야 하는 일이었어요. 어른들이 해 줄 수 있는 일이라곤 아이들의 아픔에 공감하고, 회복력을 키워 삶의 우여곡절을 잘 헤쳐 나가게끔 여러 방식으로 돕는 것뿐이었죠. 심리치료나 이웃의 위로와 마찬가지로 슬픔과 감정을 다룬 책들은 우리 가족에게 커다란 도움이 되었습니다. 저는 이런 책을 읽는 아이들 모두가 공감 능력, 이해심, 연민, 따뜻한 마음을 키워 가리라고 믿습니다.

저희 집은 여전히 행복한 공간이랍니다. 힘든 일도 있지만 그 속에서 언제나 빛을 찾을 수 있거든요. 즐거운 웃음과 꺅꺅거리는 소리, 지저분한 농담을 주고받으며 터져 나오는 괴성으로 가득합니다. 우스꽝스럽고 재미난 책을 주로 읽지만 감정을 다룬 책, 빈곤과 전쟁으로 고통받는 아이들 이야기, 슬픔에 관한 책도 꽤 많이 읽습니다. 문학 속처럼 우리 삶에도 빛과 어둠이 공존합니다. 아이들에게 연령에 맞는 섬세한 문학 작품을 골라 읽히면 아이들은 인간의 여러 감정과 경험을 고스란히 만납니다. 이 일을 안 한다면 우리는 아이들에게 큰 잘못을 하고 있는 거예요.

『샬롯의 거미줄』(E.B.화이트), 『살아 있는 모든 것은』(브라이언 멜로니 글, 로버트 잉펜 그림), 『히틀러가 빨간 토끼를 훔쳤다』(주디스 커)를 저는 지금도 마음속에 고이 간직하고 있어요. 뒤표지에 적힌 글만 다시 봐도 눈물이

터져요. 어머니는 잠자리에서 눈물 나게 하는 책을 많이 읽어 주셨죠. 『할 말이 많아요』를 읽고 울음을 터뜨렸던 그 느낌이 지금도 생생합니다. 주인공 마리나를 기숙학교에서 우리 집으로 주말 동안만이라도 데려오고 싶었어요. 마리나는 책에서 빠져나와 제 삶에 풍덩 뛰어들었죠. 『할 말이 많아요』는 제가 몇 번이고 거듭 읽은 첫 번째 책이었고, 책에 대한 글도 쓸 정도였으니까요. 말을 꺼내고 보니 지금도 당장 꺼내 읽고 싶지만, 10대 초반에 읽은 그 벅찬 느낌과 다를까 봐 걱정스럽기도 합니다.

고학년이 된 아이들은 도서관에 와서 '눈물 나는 책'을 추천해 달라고 부탁하곤 합니다. 며칠 전에는 전학생 아이가 이렇게 물었어요. "도서관에 슬픈 책 코너가 있나요?" 그런 코너는 없었지만 그 대신 제가 좋아하는 책들을 추천해 줬죠. 역경에 맞서는 용감한 아이, 고난을 이기고 살아남은 가족 이야기를요. 10대에 들어서면 아이들은 복잡한 감정을 탐색하며 더 넓은 사회를 만나고 싶어 하지요. 책은 그런 시도를 하기에 완벽하고도 안전한 공간입니다. 훌륭한 이야기는 현실에서는 결코 경험하지 못할 상황으로 아이들을 안내해 주지요.

우리가 살아가는 세상 속 인권이나 정의에 관한 아이들의 생각을 다듬고 올바르게 형성해 줍니다.

하지만 아이들이 환상이나 마법 이야기, 즐거운 이야기만 읽기를 바라는 부모님도 많이 계십니다. 아이들이 삶의 빛나는 부분만 봤으면 하는 마음이겠죠. 충분히 이해는 됩니다. 저는 어두운 주제를 다룬 책을 놓고 부모님들과 여러 차례 치열한 대화를 나누었습니다. 아이들이 전쟁, 정신질환, 죽음, 에이즈나 암에 대한 이야기를 읽는 것이 불만이고 걱정이셨어요. 꽤 어린 연령대를 대상으로 하는 책도 있었으니까요. 아이들이 어두운 면을 모른 채 순수함을 간직하길 바라는 부모님들께 저는 이렇게 물었어요. "어렸을 때 혹시 『샬롯의 거미줄』 읽으셨어요?" 많은 분이 가장 좋아하는 책이었다고 대답하면서 뭔가를 깨달은 얼굴이 되었죠. 친구들이 샬롯을 기억하고 다시 힘을 내면서 샬롯의 죽음으로 인한 깊은 슬픔을 견뎌 냈다는 사실을 떠올리셨을 거예요. 여러 가지 이유로 끝내 의견을 좁히지 못한 책도 많았지만 저는 의견 불일치도 기꺼이 받아들이는 편입니다. 결국 아이에게 적합한 책을 고르는 일은 부모님 몫이니까요. 그럼에도 저는 이 말을 꼭 덧붙입니다. 아이들을 상처와 고통으로부터 지켜 내는 것도 부모의 역할이지만, 시련을 이겨 내는 회복탄력성을 키워 주는 것도 중요한 임무라고요. 좋은 책을 골라서 아이를 무릎에 포근히 앉히고 함께 읽는 것은 아이에게 삶의 '어둠'을 알려 주는 가장 부드럽고 섬세한 방법입니다.

작가 쇼나 이네스는 아이들을 연구하는 심리학자이기도 합니다. 쇼나가 쓴 『꼭 안아 주는 책』Big Hug Books 시리즈는 슬픔, 왕따, 가족 해체, 신체상, 온라인 안전과 같은 주제를 유아동이 쉽게 이해하고 공감할 수 있는 언어와 줄거리로 엮은 책입니다. 어두운 시기를 지나는 어린이와 청소년에게 문학이 어떻게 힘을 실어 주는지, 쇼나의 이야기를 들어 볼게요.

힘든 시간을 헤쳐 나가는 아이들을 도우려면 먼저 아이들이 겪는 문제가 아이들에게 어떤 의미인지 이해해야 합니다. 아이들이 어떤 일을 겪었는지, 그 일을 어떻게 생각하는지, 그 일을 겪으며 무엇을 깨달았는지를요.

함께 책을 읽는 것만으로도 대화가 시작될 수 있습니다. 함께 읽는다는 일은 상당한 밀착과 주의 집중을 요구하는 친밀한 행위입니다. 안전감과 주의력은 치유의 과정에 꼭 필요한 두 가지 요소이지요. 그런데 때로는 부모님이나 선생님이 자신의 경험과 감정 문제 때문에 어두운 이야기를 꺼리기도 합니다. 어른이 아이를 보호하고 싶어 하는 건 당연한 일이죠. 힘든 일을 겪는 아이와 굳이 그 문제에 대해 얘기하는 건 상황을 악화시킬 수 있다는 우려도 있고요.

청소년기에 좀 더 강렬한 감정을 경험하려는 경향은 '정상'입니다. 뇌가 어떻게 발달하는지 충분히 연구가 이루어진 덕분에 우리는 유아기, 아동기, 청소년기, 사회 초년기를 거쳐 성인기까지 일어나는 일들을 보다 잘 이해하고 있지요. 청소년은 타인이 겪는 사건이나 어려움에 무척 관심이 많고, 좀 더 어둡고 묵직한 일도 감당할 수 있는 힘이 생깁니다. 감정에도 변화가 생기고 쾌락을 추구하면서 더 자극적인 것을 찾게 됩니다. 더 시끄러운 음악, 더 빠른 차, 더 자극적인 가십 등을 자꾸만 원하게 되죠. 이는 경계를 넘어 새로운 영역을 탐험하려는 본능적 욕구일 겁니다. 더 건강하고 다양하게 뒤섞인 유전자 풀을 갖추려고 말이죠. 그러니 청소년이 책에서 강렬함과 짜릿함을 원하는 것은 전혀 놀랄 일이 아닙니다. 청소년의 뇌는 자연스럽게 '좋은 읽을거리'에서 더 많은 걸 얻고 싶어 해요. 가출처럼 과감한 행동을 하지 않고도 책을 통해 일탈과 모험을 할 수가 있는 것이죠.

책은 아이들이 힘겨운 경험을 공유하고 감정을 살피고 선택을 되돌아보게끔 하는 심리학적 개입에 유용한 도구입니다. 책은 대화로 이어지는 길을 터 줍니다. 작은 상처에 구급상자가 필요하듯, 힘겨운 주제를 다룬 책은 감정의 구급상자가 되어 준달까요. 책으로 전문 상담을 대체할 수 있다는 말은 아닙니다. 아이에게 어떤 도움이 필요한지 알기 위한 대화의 물꼬를 트는 좋은 방법이지요.

일터와 가정에서 아이들에게 복잡한 감정을 다룬 책을 읽어 주면서 얻은 확신이 있습니다. 아이들은 삶의 빛과 어둠을 우리가 생각하는 것보다 훨씬 잘 다룬다는 믿음이었죠. 슬픔과 아픔을 사랑과 위로의 손길로 어루만지는 훌륭한 어린이책은 아이들이 공감 능력과 회복탄력성을 키워 나가게끔 도와주지요. 그런데 책은 탈출구 역할도 합니다. 그러니 슬픔에 잡긴 아이에게 유머나 판타지 책은 쏙 빼 버리고 '슬픔에 관한 책'만 건네는 함정에 빠져서는 안 되겠죠. '어두운' 책도 물론 권할 수 있어요. 하지만 강요는 안 됩니다.

부정할 수 없는 건 이 세상이 사랑 그리고 동시에 황폐함으로 가득 차 있다는 사실입니다. 좋은 책은 독자들에게 세상의 어두운 구석까지도 견딜 만한 곳이라는 사실을 말해 주어야 합니다. 희망을 보여 주고, 아주 희미할지언정 어둠 속에는 항상 한 줄기 빛이 있다는 사실을 알려 주어야 합니다. 세상 모든 아이 곁에 자신을 사랑해 주고 책을 읽어 줄 누군가가 있기를 간절히 소망합니다.

삶의 어두운 면을 보여 주는 책

○ 『행복이 찾아오면 의자를 내주세요』 미리암 프레슬러,
유혜자 옮김, 사계절, 2006

○ 『도와줘, 제발』 엘리자베트 췰러, 임정희 옮김, 주니어김영사, 2009

○ 『나는 개입니까』 창신강, 전수정 옮김, 사계절, 2010

○ 『방관자』 제임스 프렐러, 김상우 옮김, 미래인, 2012

○ 『누가 나를 죽였을까?』 방진하, 주니어김영사, 2016

○ 『꼴값』 정연철, 푸른숲주니어, 2018

○ 『울어 봤자 소용없다』 정연철, 온다, 2018

○ 『울음소리』 하수정, 웅진주니어, 2018

○ 『기억의 풍선』 제시 올리베로스 글, 다나 울프카테 그림, 나린글, 2019

○ 『아빠의 술친구』 김흥식 글, 고정순 그림, 씨드북, 2019

○ 『너, 그 사진 봤어?』 시그리드 아그네테 한센, 황덕령 옮김, 찰리북, 2020

○ 『달 밝은 밤』 전미화, 창비, 2020

○ 『여름의 잠수』 사라 스트리츠베리 글, 사라 룬드베리 그림, 이유진 옮김, 위고, 2020

○ 『프렌드북 유출사건』 토마스 파이벨, 최지수 옮김, 미래인, 2020

○ 『할아버지의 마지막 여름』 글로리아 그라넬 글, 킴 토레스 그림, 문주선 옮김, 모래알, 2020

독자 기르는 법
: 평생 읽는 단단한 사람으로 성장시키는 독서 가이드

2021년 3월 14일　초판 1쇄 발행

지은이	옮긴이
메건 데일리	김여진

펴낸이	펴낸곳	등록
조성웅	도서출판 유유	제406-2010-000032호 (2010년 4월 2일)

주소
서울시 마포구 동교로15길 30, 3층 (우편번호 04003)

전화	팩스	홈페이지	전자우편
02-3144-6869	0303-3444-4645	uupress.co.kr	uupress@gmail.com

	페이스북	트위터	인스타그램
	facebook.com /uupress	twitter.com /uu_press	instagram.com /uupress

편집	디자인	마케팅
김은우, 조은	이기준	송세영

제작	인쇄	제책	물류
제이오	(주)민언프린텍	(주)정문바인텍	책과일터

ISBN 979-11-89683-85-6 03590